广州美术学院学术著作出版基金资助出版

Phenomenological analysis of the works of master architects

建筑大师作品
现象学分析

曾克明
曹国媛　谢　倩
佘宇钦　罗子安　编著

中国建筑工业出版社

图书在版编目（CIP）数据

建筑大师作品现象学分析 = Phenomenological
analysis of the works of master architects / 曾克
明等编著 . -- 北京：中国建筑工业出版社，2024. 6.
ISBN 978-7-112-29905-8

Ⅰ . TU-861

中国国家版本馆 CIP 数据核字第 2024AF3978 号

责任编辑：毋婷娴
图书设计：曾嘉轩
责任校对：王　烨

建筑大师作品现象学分析

Phenomenological analysis of the works of master architects

曾克明　曹国媛　谢　倩　佘宇钦　罗子安　编著

*

中国建筑工业出版社出版、发行（北京海淀三里河路 9 号）
各地新华书店、建筑书店经销
北京雅盈中佳图文设计公司制版
建工社（河北）印刷有限公司印刷
*

开本：787 毫米 × 1092 毫米　1/16　印张：$12\frac{3}{4}$　字数：229 千字
2024 年 8 月第一版　2024 年 8 月第一次印刷
定价：68.00 元
ISBN 978-7-112-29905-8
　　（42804）

前　言

　　建筑学是科学与技术、人文与艺术的融合，同时它又是一个实践性非常强的学科①。区别于自然科学注重公式演算和逻辑推理及实验，在建筑学教育培养中，设计主干课程建立在对具体建筑作品的设计原理、设计流派的阐释和分析之上。然而同设计一样，在设计课堂讲授上，不同教师设计教学方法及教学形式均具个性化，对经典建筑作品的剖析也因人而异。此外，作为建筑学理论基础的建筑史，在基础课程教学中借鉴艺术史学的研究方法，从历时的、断代的、地域的以及设计流派、设计思潮和设计风格等方面，将历史建筑和具有典型性、代表性建筑案例置入历史语境中，为学生描摹出建筑学抽象的整体轮廓。因此，学习建筑学最主要或最重要的学习途径就是充分了解和认知建筑案例作品，通过分析建筑大师作品来达到学习设计理论和设计实践的目的，在教学上的体现就是案例分析和专业考察课程的设置。

　　虽然，学生在学习建筑史、建筑理论和建筑设计的过程中，史学家、评论家以及相关学者，甚至建筑师本人对作品的解读和分析对理解经典案例的设计思想和方法至关重要。然而，在脱离了建筑真实情境下，专业性的文字解读、建筑师的片段描述、技术性分析图纸以及有限的图像和影像资料，是否有助于学生对建筑大师作品设计意识的建构？是否有利于学生创造性和探索性能力的培养？"建筑学教育必须直面的是建筑学最核心的范畴——表象（representation）及其本体（ontology）的关系"②，即设计的表意和赋予意义的建筑实体之间的关系问题，进而可理解为案例分析和专业考察课程之间的关系。前者是对建筑设计"表意"的分析，后者是对建筑实体"表意"的体察，二者相互依存。

① 庄惟敏，徐卫国. 创造性的建筑学教育思考 [J]. 住区，2017，3: 53–59.

② 常青. 建筑学教育体系改革的尝试：以同济建筑系教改为例 [J]. 建筑学报，2010，10: 4–9.

遗憾的是，两门课程相互依存的关系在教学过程中出现脱节。对经典案例考察，特别是对西方近现代经典建筑大师作品的考察，大多数建筑院校不具备实地调研的条件。因此，如何补齐专业考察课内容的短板就成为案例分析课程需要面对的问题。相较于专业考察课的现场实践，案例分析课程则是对具体经典案例的一次非实地调研和虚拟的空间实践。但如上文所述，传统案例分析教学方法是结合相关专业评述、文献阅读，从历史背景、建筑师个人经历、风格流派、设计理念、场所、区位、空间、功能、流线、结构、材料、光影等方面进行分析和描述。分析形式多为平立剖面图、分解图、实体和 Sketch Up 模型等，其分析结果均同质化严重。如果将案例分析作为一种知识或常识，此种方法能够加深学生对案例的熟识程度，但如果将案例分析作为一种研究方法，则需对此作进一步的论证研究，这也是本书的写作缘起。笔者尝试从"建筑与现象学""从图像到具身""现象学分析方法"等三个方面出发，探讨"为什么分析建筑大师作品""建筑大师作品分析什么"和"建筑大师作品如何分析"等三个问题，并结合教学实践对教学方法和途径进行尝试和理论探索。

目 录

建筑现象学分析

建筑与现象学

从学科门类看，与工学、理学注重公式演算、逻辑推导和实验实证不同，建筑学、设计学和艺术学等创造性较强的学科更注重具体案例的分析和研究。除技术性科目，学生在学习过程中，不仅要学习构成、美学、制图制作等基础理论和训练，同时要学习设计流派、风格和设计史、建筑史等。或者说，设计流派、风格和设计史、建筑史等是由大量知名建筑师、设计师的经典作品和优秀案例构成的。因此，学习设计学和建筑学最主要或者最重要的途径就是了解和认知大师建筑作品，并通过分析具有代表性的案例特质来达到学习的目的。

但是，我们是否曾质疑或辩驳过经典的大师作品？那些被我们奉为经典的认知从何而来？毫无疑问，当然是从史料、从评论家、从研究者的论述和分析以及图像影像中得来。经典就像被研究者的分析和解读，读者的评述和影像资料蒙上了一层神秘的面纱，我们对经典的认知是"作品"＋"分析"＝"经典"的混合体，而非经典本身。就如同学文学的只知道文学评论，而不知原著一样不可思议；学电影的只知电影影评，而不去电影院观看原片一样荒谬；知道莎士比亚的伟大，但不曾读过他的原著或观看过其戏剧一样荒诞，给予你震撼和感悟的不是作品本身，而是他如雷贯耳的名声罢了。只有回到作品本身，回到你要真切了解的事物本身，才能回到现象本身。

当然，在教学过程中，教师一定是围绕具体案例来讲解的。但是，多数仍然在讲解经典作品及大师的历史地位、现实意义、个人经历和主义流派等。从艺术史课程作为艺术学院最重要的基础教学即可知，图文并茂的讲解，更多的是文字上的叙述解读，

① 李军.可视的艺术史:从教堂到博物馆[M].北京:北京大学出版社,2016.

我们有多少同学抑或是教师本人真正阅读其高清作品或者原作?这里,艺术作品成为史学研究的对象,并降格为文字的附庸。换句话说,艺术史是以史学方法来研究艺术作品的说法并不全面,史学方法也不能作为分析艺术作品的唯一方法。如文艺复兴之前,欧洲教堂和古堡中的艺术绘画、雕塑是需要置入在教堂等公共空间或重要场所中呈现的,人们必须在场,置身于此氛围中才能领略到历史演变中建筑、雕塑、绘画艺术作品所传达的语义,是时空性的。① 从这一层面讲,我们在读的艺术史应该称为可读的艺术史,因为它是时间性的。

笔者在长期的建筑设计课程教学实践中发现,一方面,学生在没有对经典案例进行较深入的个人感知和理解的情况下就急于从理论书籍和文献评述中获得"分析"结果;另一方面,多数教师在指导案例分析教学时,首先强调的就是文献收集和整理工作。如上文所述,面对经典建筑大师作品的理解,建筑学的学生更应回到作品本身,回到空间情境。

自20世纪70年代初,西方建筑理论界开始以20世纪的哲学主流"现象学"作为其设计理论的基础,为建筑理论家提供了一种更接近"真实"的描述环境以及诠释其意义的方法。现象学的开创者胡塞尔(E.Edmund Husserl)通过概念悬置、本质还原和先验还原等方法对事物进行反思和研究,强调回到事物本身。其嫡传弟子马丁·海德格尔(Martin Heidegger)以及法国学者梅洛·庞蒂(Maurice Merleau-Ponty)在他的哲学基石之上分别形成了存在主义现象学和知觉现象学学派。作为20世纪主要哲学思潮的现象学,发展出众多分支流派,但本书仅在建筑学视域下对建筑理论影响较大的以上两家学说,即存在主义现象学和知觉现象学展开讨论。

一、海德格尔与舒尔茨之场所

胡塞尔之后，海德格尔在导师的观察描述方法基础上发展出了与人的存在相关的哲学思想。他的经典著作《存在与时间》，对人的生存状态进行了精确的结构性分析。他从人的"此在"出发追问存在的意义，把时间看成存在的境域；从人的"居住"活动出发对人存在于世的意义展开哲学思辨，宣称人的存在方式就是"栖居"。在一篇会议讲稿——"筑·居·思"中，海德格尔深入探讨了栖居的意义，并引用他著名的例子——桥，即桥的构筑方式本身不重要，其本质在于作为河流的连接，将原本是河流的某个地点确定为一个围绕"桥"而展开的活动场所。此后，海德格尔对场所的论述和洞见被挪威建筑师克里斯蒂安·诺伯格·舒尔茨（Christian Norberg Schulz）作为理论基础引入到他的《存在·空间·建筑》和《场所精神》两部著作中，后者已成为后现代建筑设计思潮中的经典著作。舒尔茨提出，场所是由自然环境和人造环境结合的有意义的整体，场所是具有清晰特性的空间，同时具有精神上的意义。建筑意味着场所精神的形象化，而建筑师的任务是创造有意义的场所，帮助人们实现定居[①]。

二、庞蒂与帕拉斯玛之具身

"二战"之后，由于政治经济秩序格局的重建，现代西方哲学思潮逐渐由德国移至法国。在现象学方面，法国的梅洛·庞蒂扬弃了胡塞尔形而上学的唯心论观点，坚持将现象学的意义与人的存在，尤其是人的身体（肉身）存在联系起来。认为只有将身体作为一种基础性研究对象，才能在一定限度范围内使身体的视阈得以明见，如果剥离了身体和心灵的统一，身体亦就失去了存在意义，而心灵也无所依附；并运用现代医学和心理学对其进

① 王辉.现象的意义：现象学与当代建筑设计思维[J].建筑学报，2018，1：74-79.

① 尤哈尼·帕拉斯玛.肌肤之目：建筑与感官（原著第三版）[M].刘星，任丛丛，译.北京：中国建筑工业出版社，2016.

行科学论证，据此逐渐形成了他独特的知觉现象学流派。受梅洛·庞蒂哲学思想的影响，芬兰建筑师尤哈尼·帕拉斯玛（Juhani Pallasmaa）以及美国建筑师斯蒂芬·霍尔（Steven Holl）从人的身体在建筑中的体验出发，对建筑进行重新思考。帕拉斯玛在其著作《肌肤之目：建筑与感官》中提到，"身体才真正是我们世界的中心，它不是中心透视里视觉灭点的感知，而是我们参照、记忆、想象和整合真正发生的场所"。① 因此，让身体在建筑场所中进行具身感知，所获得的体验相较以视知觉为主的感知更加全面和客观。

从图像到具身

进入 21 世纪，信息时代为人类社会带来了前所未有的发展机遇，同时也对人与自然之间的关系带来了挑战；信息化不仅互联物质世界，同时也重塑人对物质世界的认知。在商品经济的驱使下，广告无孔不入，潜入我们的意识，替代我们思考，削弱我们的反思能力。在高科技数字媒体（简称"数媒"）、电脑技术，特别是在 ChatGPT、OpenAI 等人工智能的裹挟下，建筑的物质领域也正在加速蜕变，逐渐远离为我们带来无尽资源和想象力的物质世界。既然已全然置身于信息化、媒介化了的时代，我们是否有途径和方法跳脱出这不利境遇？"回到事物本身"的建筑现象学和具身理论重新唤起了人们对身体的知觉统一，用身体知觉来直接经验物质世界，通过对事物本身的经验来挖掘建筑本体的空间蕴涵。

一、图像——所见非所是

本文图像（picture，区别 image）是指图画、照片、影像等具体实际形象的仿真，停留在视觉图形的表象上，具有翻版、复制和传播的特性。正如让·鲍德里亚用拟像（simulacrum）一词来分析后现代社会和消费文化时所指出的，大众通过媒体所看到的世界，并不是一个真实的世界，媒体通过大量复制极度"真实"而又无本源、没有所指、没有根基的图像和符号，真正的物质世界已经消失，我们所看见的是经图像或符号制作者有意识地组织编码、信息化了的"仿真"（simulation）世界。虽然，现在判定鲍德里亚所预言的"他者"存在的唯一的方式就是让自身毁灭准确与否还为时尚早，但这足以揭示出人们应该对"仿真"世界警醒，对图像警觉。也许，所见非所是！

在建筑案例分析教学过程中，我们用以教学的案例几乎完全由图像、文字符号构成，我们日常所看见的建筑图像是建筑自身的样态吗？是其所呈现的面貌吗？如果，所见非所是，那么我们的教学如何继续？

二、具身——所感即所知

既然我们已全然置身于信息化、媒体化了的时代，如果所见非所是，我们是否有途径和方法跳脱出这不利境遇？"回到事物本身"，现象学方法为我们提供了一种可选进路。自胡塞尔的"回到事物本身"始，海德格尔将事物本身聚焦到人的"存在于世"，再到庞蒂的"肉身的世界"，均在强调主、客一体的具身认知。认知是依赖于我们有机体的存在方式，依赖于不同的生活经验，依赖于认知主体的意向性行为、语言、社会、文化和历史的境遇等。认知不是孤立的事件状态，是生活世界中事件关联耦合的过程，是认知主体在与世界的交互作用中生成的。正如庞蒂所言："世界不是我所思考的东西，而是我生活的凭借。"认知心

① 赵蒙成，王会亭.具身认知：理论缘起、逻辑假设与未来路向[J].现代远程教育研究，2017，2：28-33，45.

理学家由此发展出具有开创性的具身认知（embodied cognition）理论。该理论摒弃了传统认知的身心二元、大脑是认知唯一的加工机器等观念，将环境和身体因素置入认知系统，创造性地提出由于身体不断与环境融合及其各种活动才产生了认知和意识，如同"画家无法用他的思想作画"一样。因此，身体是认知的唯一途径，所感即所知。

三、建筑的具身性

建筑的本质在于其空间性和物质性，占据审美主导的视知觉只能单向测度建筑物质性，而无形和不可度量的空间性却无法主动向主体显现，主体只有在空间围蔽间运动、体察，建筑本体蕴涵才能得以显现。知觉现象学开创者庞蒂认为，只有将身体作为一种基础性研究对象才能在一定限度范围内使身体的视阈得以明见。芬兰建筑现象学家帕拉斯玛由此提出的"身体才真正是我们世界的中心"论断，在其著作《肌肤之目：建筑与感官》出版之后影响了一代欧美后现代建筑学者。因此，在建筑的实践或体验活动中，强调身体的动知觉就是强调建筑案例考察的具身性，它有别于纯意识的智力活动。

基于哲学、认知科学和心理行为学等领域发展起来的具身认知理论为我们提供了一个新的建筑案例分析范式基础，摆脱了"仿真"世界给建筑审美和研究带来的困扰。具身认知理论指出，人是在身心整合、知觉统合以及社会实践意义上全面发展的。主张认知是大脑、身体和环境交互作用的产物，应将身体、运动和环境因素置入人的认知系统中，强调人的"具身性"和建筑的"情境化"。① 具身理论拒绝主客二元论。认为我们的经验和意识与外在的建筑空间同属一体，是对外界的镜像与再现。同时，科技、数媒的飞速发展以及学科的无限细分极大地改变了人们的视觉经验和时空观念。人们对空间环境的认知在不同维度上均发生了改变，这些变化直接或间接影响了建筑评判的标准和基础，客观上加速了从拟像化认知到具身化体悟的转向。[①] 目前，众多的具身认知理论也客观地论证了具身的合理性和实践性。因此，如同画家无法用他的思想作画一样，只有将统合的知觉整体（身体）置入建筑环境中，完整、生动并具洞见性的建筑案例分析才能展开；对建筑案例分析的认识才能从二元论范式下的抽象客体中逐渐解放出来，转化为更为具身性的三个维度，即动觉维度、时空维度和社会维度。

四、建筑的具身维度

在《艺术与介入》一书中，环境美学家贝林特认为，审美经验不应被视觉和听觉所统摄，因为任何身体感知都能为审美提供养分。身体的介入一定伴随着多重感官的知觉综合，都能丰富、扩充和深化个体的审美经验。在此，他提出了审美之于具身性的三个特征和表现，即身体的动作性、知觉的交融性和主客体的可逆性。[②] 以上三点事实上可以归并为审美活动的连续性特质，即杜威所指的审美经验和生活经验的连续性。正如郑光复所言："建筑是生活场的型化。"据此，笔者在"生活场"概念基础上提出建筑分析的三个维度，即动觉维度（行动）、时空维度（时空）和社会维度（日常）。

动觉维度（行动）——如前文所述，行动是建筑分析的必要条件。人对建筑空间内涵的分析首先是通过身体的社会活动来感知的，而非通过客观形式和抽象功能获得。通过身体参与，介入建筑空间中，个体或群体的运动行为（如坐、卧、立、走、交流等）与

① 伍端.凝视的快感：空间审美的具身化转向 [J].装饰，2022（6）：108-112.
② 阿诺德·贝林特.艺术与介入 [M].李媛媛，译.北京：商务印书馆，2013.

① 郭勇健.论审美经验中的身体参与[J].郑州大学学报（哲学社会科学版），2021，54（1）：73-79，128.

空间产生关联耦合，感知建筑的材质、造型、光影，留存独特体验，从而生成建筑空间语义。如转动门把手，是对未知空间的探索或穿越；轻抚或触碰建筑表面，是对场所氛围的体悟或确认。

时空维度（时空）——时间是存在的境域，时间是人在空间中运动的概念化，时空一体。因此，具身的分析活动同时内嵌了时间属性，某一时刻的认知状态只是连续动态变化中的一个即时状态。认知主体在时间维度下的空间运动和社会实践活动，通过时态、时长和时序（如早晚、四季等），空间（包括地域性、气候特征等）具有了生命力和被理解性，进而产生了地域文化，建构了地方认同。贝林特将这种时空一体的认知活动解释为"审美介入成一个知觉统一体，具有连续性、知觉一体化和参与性特质"。①

社会维度（日常）——如列斐伏尔所言，空间具有物质、精神和社会属性。日常是人与人的相互关系，是以空间为背景展开的社会性活动。只有透过日常性工作、学习和生活，才能揭示空间存在的本质和意义。生活世界的构建与空间环境密不可分，人的存在方式将建筑与日常生活世界勾连在一起。人只有对建筑环境的具身体验才能构成其日常生活的基本认知，才能对建筑环境产生归属感与认同感，才能栖居于此。

因此，案例分析什么，应该面向以上三个认知维度展开讨论。

现象学分析方法

在西方的建筑语境和分析中，研究式和探索型理性思维一直在建筑教学中占据主导地位。如 20 世纪 70 年代，在《理想别墅的数学及其他论文》一书中，柯林·罗运用几何方法分析了现代建筑，开创了一条建筑分析和审视的新路径。有学者认为形式分析和建构分析是经典建筑作品分析和评判标准的两种重要途径，是建筑案例研究的两大核心问题。如前文所述，形式分析基于数理和图像的构成关系，它脱离了对建筑本体的具身体验和生活、生产实践，建筑师、研究者和学生无法对作品的真实情境做出准确的客观判定。通过前文对建筑的具身性和维度分析可知，建筑分析本质上是一种空间实践（创作）活动和空间经验（具身）活动。它强调主客体的统一，在参与和互动中相互构建、彼此成就。

一、空间实践活动

杜夫海纳认为，艺术设计者和研究者的审美活动有别于其他审美活动，艺术设计的审美往往会朝向艺术创作活动本身。审美活动是分析行为的前提。就建筑而言，海德格尔指出，人是在构筑过程中栖居的，它构建了建筑的审美活动。因为，构筑场所不仅仅营建出了居住空间，同时人们通过构筑的材料、结构、构造方法的创新来表达或传递文化价值与认同。构筑一方面解决的是技术性问题，另一方面在解决问题的过程中呈现精神意义和产生文化价值。构筑活动就是对空间的创造，具有类型学特质，并在三个建筑审美维度中显现自身。同样，在经典建筑案例的分析过程中，虽然通过对作品图像资料的阅读，对平立剖面技术图纸的审视，对建筑模型、电脑模型的观察，有助于艺术设计者和研究者对作品的解析，但作为与造型艺术相关的建筑或环境艺术设计者，分析过程不仅是文本、图像内容的获取，同时也需要对如何创作进行再思考，创作的实践性是分析活动的基础。

二、空间经验活动

　　建筑的现象学本质是直面建筑本身。在建筑案例分析过程中，当我们无法在场时，如何进行审美活动？具身认知理论为我们提供了多种现象学方法。如胡塞尔的现象描述、现象还原以及舒尔茨的场所分析等，通过对案例素材的概念悬置、本质还原和先验还原，将图像和文字符号转化为对场所的具身认知体验，从而分析建筑的情境。例如，将案例作品素材置于三种建筑审美维度中，运用具身认知对案例素材中所呈现的自然环境、空间关系、场所、材质、声音、光影，甚至对气味的想象以及人与人群等进行现象描述，并结合前人对作品的解析，逐步形成自身对作品的真切感悟。

　　据此，笔者基于现象学的分析方法，从现象描述、现象转译、理性直观、理性分析、意识建构等五个步骤进行案例分析，尝试从隐藏在建筑大师作品"现场"中的"现象"探寻建筑大师的设计理念与心路历程。

　　步骤一：现象描述

　　从建筑大师的经典建筑作品中挑选案例作为描述对象。所选案例资料要全面翔实，包括但不限于高清（精度 ≥ 300dpi）的建筑室内外及其建筑细部的实景照片，或者高清的视频和完整清晰的技术图纸，如果有该案例建筑大师设计的草图更好。在此训练中，学生首先通过对实景图像及视频的初步浏览，从中挑选或截取能较全面反映该建筑案例外部环境和内部空间以及细部特征的图像或视频截图各 2～3 张，然后再对其进行现象学直观描述。描述过程中，需要回避前人或网络上的评论与分析，悬置专业概念和判断，对图像（或系列组图）本身进行直观、全面而深入的描述。每张图像或组图描述的文字不少于 300 字，形式为单句逐一描述图像里所感知到的内容。

　　图像描述环节，一方面是整个现象学分析的基础，另一方面也是分析的难点所在。多数学生并不能完全理解抽象的现象学知识，也就不能把握图像中隐藏的内容是什么。通过引导学生从三个维度来直观图像，如从图像呈现的整体环境、氛围、空间关系等出发，亦可直接陈述对图像内容的疑惑等直观感受，以及对场景或某物的个人记忆。描述需分层次，应调动除视觉外的其他感官，带入感知体验。此外，注意观察图像内容中各事物间的关系以及带入时间性的过程感知。描述的文字内容表达应清晰，个人感知需丰富，观察要细致入微，建筑和环境描述应完整。

　　以上描述内容将为下一步分析步骤做基础。通过对图像的现象直观描述，这一过程将充分调动学生潜藏的空间知觉，以及对建筑实体和环境的感知，具身体验经典建筑的空间特质。

　　步骤二：现象转译

　　在此步骤中，由于每位学生的生活阅历和知识结构差异，对相同图像内容理解也不尽相同，一些图像内容无法用语言准确表达。因此，将现象转译的练习安排在现象描述之后，目的在于将建筑作品图像中感性、直观的文字描述转化为非语言形式，进而对图像中的现象进行更宽泛的理解和讨论，建立属于学生特有的空间语言系统和多维度的交流平台。通过非语言符号对建筑大师作品现象进行二次阐释，探索建筑作品的内涵与外延，具体如下。

　　图像表达：通过简单的图示语言，展示出对建筑现象中抽象的空间逻辑关系；或通过图像拼贴的艺术方法，将隐藏在建筑现象背后的个人感知揭示出来；亦可用擅长的手绘方式表达出个性化的图像隐喻。

语言表达：通过运用诗词歌赋、格言警句或叙事小说节选片段等语言文学的想象力和叙事性来表达图像内容的"弦外之音"，有助于理解难以言表的建筑空间语义。

影像表达：通过电影剪辑，戏剧场景，甚至音乐等艺术形式，将复杂的个体空间感知转译为有意味的空间描述。

以上的转译方式可复合使用，特别是在静态二维的视觉图像转译中置入听觉元素可以更好地激发学生的想象力和创造力。具体做法是：分别选取建筑作品内部、外部和细部各一张图片（或系列组图），并对其进行现象转译。要求能够充分呈现个人感知，运用多种形式语言表达清晰、准确。这一阶段可以阅读彼得·卒姆托的《思考建筑》和尤哈尼·帕拉斯玛所著的《肌肤之目：建筑与感官》《思考之手：建筑中的存在与具身智慧》，从而利于对练习内容的理解。

步骤三：理性直观

这一步骤同前两步关系紧密，是由感性直观转向理性直观。但此处的理性是相对理性，是仅对技术性建筑图纸以及模型的复刻。从对建筑实景照片的观察，到对建筑三维空间的模拟，学生在完成现象描述和现象转译两个重要分析步骤之后，继续从专业技术图纸和立体空间层面对建筑作品本身进行"考察"。目的在于临摹平立剖面图、制作电脑模型和手工模型，加深前期对建筑作品现象直观描述、转译的主观理解和感知，并引发思考，提出问题。

在此操作过程中，应注意回避分析性图纸资料。在绘制和模型制作过程中结合现象描述进行思考，结合现象转译提出问题，并做出初步的专业性解答。此外，完成相关案例图纸绘制以及电脑或实体模型制作后，根据所提问题尝试做开放性改造设计，应创造性将个人感知结合到已完成的大师作品中，试图理解其可能的思考路径和设计过程，向大师提出问题并与其展开"对话"。所绘技术图纸不低于原参考资料的深度要求，电脑或实体模型制作应能体现对问题的思考。这一阶段可以阅读彼得·卒姆托的《建筑氛围》，沈克宁的《建筑现象学》以及斯蒂芬·霍尔的《锚》，以加深对练习内容的理解。

步骤四：理性分析

在常规的建筑案例分析过程中，整理建筑案例资料是最先完成的工作，是分析的基础。然而，我们会陷入一种怪圈，即在没有对建筑作品本身做充分了解的情况下，就已经被专业的建筑评论和学者的理论研究所影响；抑或急于对史料性或科普性资料进行梳理，对资料不做批判性思考。因此，笔者希望学生先对大师建筑作品本身进行现象学"考察"，完成前面三个分析步骤之后再进行相关理论资料的整理。

前三个分析步骤强调的是个人对建筑作品的直接感知和体验，摒弃已有的分析和评价。在此练习中，学生可以带着前期积累或隐藏的疑问，通过查找相关历史文献资料，辩证地吸收前人观点和分析。分析应从时代背景、学术理论、历史沿革及个人经历入手，将建筑师的成长和设计实践置入历史情境中。首先，对所处的时代背景和环境做出分析；其次，再结合建筑大师个人经历以及时代思潮等分析这些是如何影响其设计实践的；最后，分析大师建筑作品对现当代建筑设计的影响。这一过程有利于锻炼学生的独立分析和判断能力。分析内容应综述全面、逻辑清晰。

步骤五：意识建构

在对相关资料梳理之后，常规的建筑作品分析多从建筑场所、区位、空间、功能、流线、结构、材料、光影等方面进行专业分析。然而，建筑大师的创造思维和过程因人而异，甚至截然不同。因此，并非能简单地将场所、功能、流线等单方面进行分析，虽然以上常规分析为初学者打下基础，但也会误导学生只关注以上分析层面，而忽视了对建筑本体的现象学考察。

笔者通过前四个步骤的练习，从建成作品观察描述到设计图纸描绘复刻，再到学者的研究成果，以倒推的方式试图寻找建筑大师的设计过程和设计思维。意识建构的练习目的在于还原建筑大师设计之初的意识和构思，建构与设计概念最初的本质关联。结合步骤四的理论和研究，将第二、三步骤中的本质还原结果进行再思考，形成具有逻辑性、整体性和系统性的意识建构推理，从而接近大师的先验意识或者与其对话。允许有多种意识建构方法和解读，通过运用图示或图表等简洁的形式，揭示建筑师先验的意识建构过程。内容力求概念明晰、结构简洁、表达完整和逻辑清晰自洽，并用500字以上文字进行阐述。

新卫城博物馆

THE NEW ACROPOLIS MUSEUMATHENS GREECE

伯纳德·屈米

Bernard Tschumi

01

学生：

雷孟海雯　吴昭毅　王尔祺　曾嘉轩

1 现象描述
ANA Description of The Phenomenon

新卫城博物馆，伯纳德·屈米，2009年

　　画面最前是一片绿色的植被，右侧是建筑的一个斜坡，由土黄色与灰黑色为主的石材铺装，有金属扶手斜面的最高处设置几个米黄色大花坛。

　　建筑本体位于画面的中间，由四层大空间组成。

　　底层位于斜坡底下，目测有许多黄土与石头。

　　二层与斜坡最高处相同高度，有玻璃的扶手，立面是混凝土的重复相同的方格，水平方向上三个凹陷的矩形洞为一个单元，外露一根贯穿二三层的混凝土圆柱。

　　三层是两块混凝土板夹着两个不一样的立面，向阳面是十个巨大的银色金属材质的、圆角有条纹的长方体往内部旋转了相同的角度；背阳面是一个通顶的玻璃幕墙，玻璃模数上下相同高的夹着中间较矮的深色玻璃。

　　最顶层是一个偏转了角度的玻璃盒子体块，使得顶层与二层之间的混凝土板多了一个角，可看见三层的室外与室内的两层玻璃结构。

　　快接近夕阳西下时，向阳面的金属材质反着明亮的白光，在角位能清楚感受到建筑材质的反光与两个立面的对比。

构图从上到下十分饱满，从最远也是最上面的帕提农神庙，到高耸的卫城城垛，到新卫城博物馆顶层画廊，再到中间层的格栅式通透玻璃和磨砂玻璃，最后到下层三段格子洞立面，很有层次感；夜晚灯光的效果衬托出了新旧建筑的对比，古老的神庙室外灯光更加橙黄，在蓝色的夜空里十分引人注目，而新卫城博物馆的灯光是室内的，稍显暖白；由于灯光从室内照射的原因，可以透过透明玻璃看清上层的画廊，中层因为下半部的磨砂看不清，但依稀能看到有露天区域和室内类似桌子的陈设；新卫城博物馆的室内灯光在室外看起来效果明显存在区别：顶层画廊的灯是呈扇形洗墙式的，稍显昏暗；中间层的灯是均匀且明亮的，立面玻璃材质的不同呈现的效果也不一样；下层的室内光从立面洞口射出来。

　　右上图很好地阐述了新卫城博物馆的设计理念和主张：与古典建筑对话，与历史相望。可以看到新旧建筑的材料和形式的差异与变化。

新卫城博物馆顶层展厅与古神庙平行

　　画面目测时间处于傍晚，建筑主体位于画面左侧，右侧是种植有不同种类的树与灌木的草坡，与建筑之间有银白色的护栏分隔。

　　建筑底层是阴暗的空间，竖立着许多粗大的混凝土圆柱，支撑着二层的半室外平台和建筑主体。

　　半室外平台有玻璃扶手，平台与右侧的建筑体呈穿插关系，巨大的混凝土圆柱伫立在平台上支撑着混凝土板，混凝土板穿插在三层的玻璃幕墙里。

　　二层建筑立面是重复的混凝土矩形凹洞。顶上是巨大的金属长方体立面，反照着夕阳的橙色光。

　　最顶上是玻璃盒子体块，被前景的树荫挡住了一点；这个画面里夕阳洒在建筑上，照射在混凝土上的阳光温暖且柔和，照射在金属上的阳光则强烈而刺目，与底层和草坡呈现出来的暗沉氛围截然不同，光使这个立面表现出多样的层次。

新卫城博物馆的西侧，傍晚

画面下半部分是灰白的石头组成的推测为被挖掘出来的遗迹，左边的地势比右边的高，还有挖掘车在场地工作，中间的土石围成一个圆环，右边依稀可以看见由石块堆成的一段楼梯。

中间的圆形空间上方是由混凝土柱子支撑的混凝土平台，中间开了一个三角形圆角的空洞并围了一圈玻璃围栏，比下面柱子更粗的两根大圆柱立在平台上支撑起梯形的屋顶，屋顶最窄处整齐地开了梯形的孔洞。

底层架空的遗址与首层的观展区域入口

屋顶天花板有方形空间内陷，有零星的几点灯光照明；远处背景是一栋天台种着绿植的较旧的楼，它紧挨着一座灰白色的较新的楼。

画面里的室内空间是灰色的瓷砖地面，周围有一圈高于地面的座台，座台侧面的饰面是黑白直线花纹，台面是灰白色的石材。

可看到两层玻璃，玻璃模数方面：下面一块高的，上面四块相同的较矮的玻璃。

内层玻璃与上面四层矮玻璃对应，下方空。

两层玻璃之间有金属构件连接，玻璃上有黑色的细小的点，推测其作用是遮光。

顶层画廊，玻璃外部的帕提农神庙

玻璃外是一个三角形的露台，露台外是民居建筑与树丛，随着山地逐渐往高处排布。

最中间是石头的山体，上面是城墙，最高处是有残缺的古希腊神庙。

建筑内部展馆，两侧内嵌展墙

画面中两侧都是穿孔的混凝土板，对称地开着两个三层的展品柜，陈列着瓶子、盘子、小人等小体量物件。

最底下的墙壁混凝土板没有穿孔，墙上放置着灰白色的石膏浮雕。

两侧的墙顶上有自然光洒下来，可推测部分空间顶上有楼板遮盖，部分空间顶上镂空。

地板是半透明的玻璃材质，可以看到下面用混凝土重复分隔出的几个小格子。最前面右边放置着两个较高的灰色展台，上面是相同的人形雕塑。

远处有几个雕塑零星布置在左右侧。

再远处是一个楼梯，被两个扶手等分成三条。

尽头处放置了黄白色的雕塑，由墙上的光可猜测尽头的空间是能被阳光照到的明亮空间。

此处的进深空间与阶梯让我想起了名画《雅典学院》的构图。

空间中的净高不断发生变化，走动时发出的回声混响也不断发生变化，就像不同时代的声音互相叠交在这个长廊之中。

内部走廊转角，内嵌长幅浮雕展品

画面中是一个走廊转角位置，墙壁是灰色的混凝土板，与地板连接处有深灰色的踢脚。地板由灰色的大理石瓷砖铺装，天花板是白色的，与墙壁连接处有多处镂空，上一层的光可透下来。

墙壁上开有一长条洞口展示区，展示区最低点是人视高度，最高点比人高1m左右。

2 现象转译
ΛΝΛ Translation of Phenomena

指南:

该练习建立在练习 1 的基础上,目的在于将练习 1 中的感性、主观和直观的文字描述转化为其他符号形式,建立一种与读者或建筑师交流沟通的平台或情境。

输入:

选取练习 1 中你所感兴趣的图片(或系列图片)≥ 3 张,并分别对其转译(应包含建筑内、外及细部三部分内容)。

输出:

用图示、拼贴、手绘、置换或隐喻等形式进行现象转译。

步骤 / 分析:

运用图示、拼贴、手绘、置换或隐喻等形式表达,将案例作品现象的文字描述转化为非语言形式,进而对图片中的现象进行更宽泛的理解和讨论,建立属于你独有的空间语言系统。解释>图示、拼贴和手绘表达为较常规的设计语言。置换或隐喻的意思是,用其他感知形式置换视觉图像,或采用诗词歌赋、格言、小说片段,或采用电影、戏剧场景甚至音乐符号等形式将复杂的个体空间感知转译为有意味的空间描述。

评判标准:

能充分呈现个体感知,运用多种形式表达,表达清晰准确且精致。

参考阅读:

[1] 彼得·卒姆托.思考建筑 [M].张宇,译.北京:中国建筑工业出版社,2010.

[2] 尤哈尼·帕拉斯玛.肌肤之目:建筑与感官(原著第三版)[M].刘星,任丛丛,译.北京:中国建筑工业出版社,2016.

[3] 尤哈尼·帕拉斯玛.思考之手:建筑中的存在与具身智慧 [M].任丛丛,刘星,译.北京:中国建筑工业出版社,2021.

博物馆入口与遗址的空间关系

■

混凝土
厚重
光影对比——带来的质感不同
温暖—清冷

■

砂石
历史遗迹
空旷
幽暗
失落
寂静

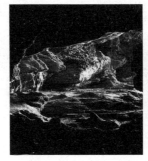

■

上下不同的几何形状的对话关系
圆形向心——古代、仪式、聚集
圆角开洞——来自现代的俯瞰
方形的天花板内陷——方向视线的指引

底层架空遗址与入口空间转译拼贴图

踩在碎石上发出沙沙声

空旷的空间产生回声

夕阳时分远处依稀的鸟叫声

内嵌在墙上的帕提农神庙额枋浮雕

混凝土
厚重
顶部光

卷轴画
连环画
故事叙事

长幅浮雕展品的联想情境图

现代展厅
宽敞
人流杂音
缓慢的脚步

浮雕作品中的马
马蹄声
马叫声
马铃铛响声

作品中的人
集市里嘈杂的人声

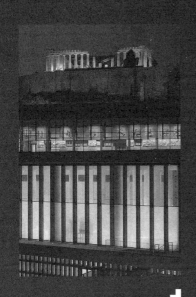

赤裸、高大的城池
面对着那绕着你旋转的风和光，
你那样站着
独自在这蓝色夜空的沉寂中——
宛若白昼

残破的古迹，你孕育了无数新生

黄金见证着你的荣耀
轮流以白色与金色绕圈转动
袒露的热忱的
充满生命之火

过渡到朦胧的视野
是斑斓的复原
是谁在这样不朽的日夜，
以心写下你的名字？——
喔，在你存在之前，让我忆起你往昔

倚身在暮色里，朝你月色般的双眸
投掷我们的不解

文明的繁荣
在你之中存有每一日的幻象
你隐没侵蚀地平线
潮汐般，恒常地消逝
我被回声与灵魂的声音笼罩

3 理性直观
∧Ν∧ Rational Intuition

指南：

　　整理出的案例资料（以技术性平立剖面图为主，兼顾大师概念手稿），并重新制作平立剖图（手绘或电脑），目的在于对案例有更专业的认识（注意回避分析性图纸资料）。在绘制过程中结合练习1进行思考，结合练习2提出问题，并做初步的专业性解答。以上内容均建立在悬置概念基础上，即不对已有案例分析做评价和参考，目的在于得出个人对案例的直观理解和感知。

输入：

　　练习1、练习2中的感知和思考。

输出：

　　结合练习2的成果，绘制案例相关技术图、制作电脑和实体模型（比例1∶100~200），并提出不少于5个问题。

步骤／分析：

　　绘制案例相关技术图及制作电脑和实体模型，结合练习2的设计成果对技术图和模型等做二次加工来提出问题或做出解答。方法＞此步骤为开放性设计，同练习2类似，需创造性地将个人感知结合到已完成的设计"事实"中，试图理解建筑师的可能思考路径和设计过程，向"大师"提出问题并与其展开"对话"。

评判标准：

　　不低于参考技术图纸要求，模型制作材料统一，二次设计形式多样。

参考阅读：

[1] 沈克宁.建筑现象学[M].北京：中国建筑工业出版社，2008.

[2] 彼得·卒姆托.建筑氛围[M].张宇，译.北京：中国建筑工业出版社，2010.

[3] 斯蒂芬·霍尔.锚[M].符济湘，译，天津：天津大学出版社，2010.

卫城与新馆鸟瞰图 ■

N　　**总平面图**

负一层平面图

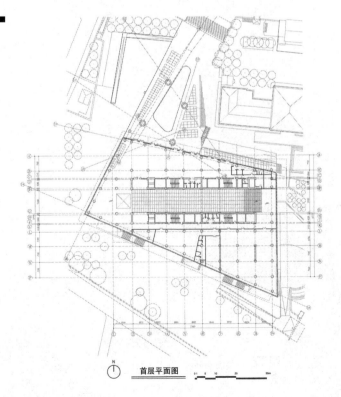

首层平面图

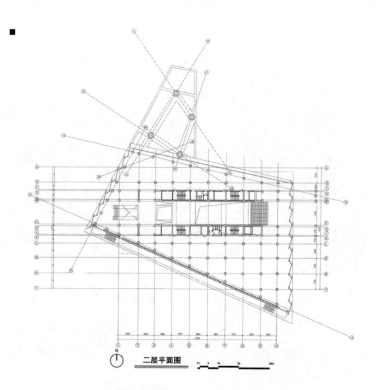

N 二层平面图

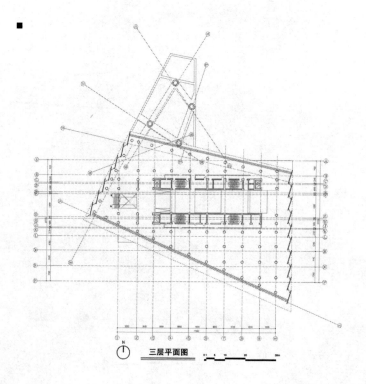

N 三层平面图

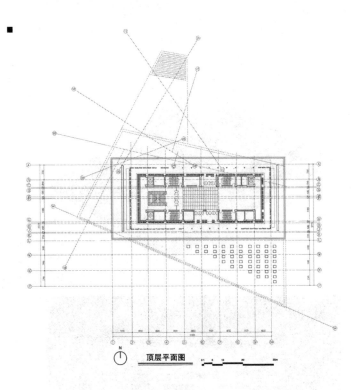

顶层平面图

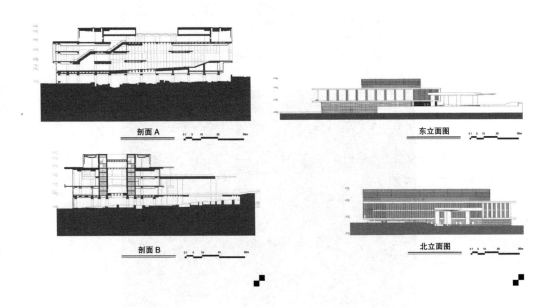

剖面 A

东立面图

剖面 B

北立面图

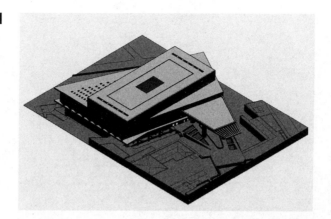

模型图

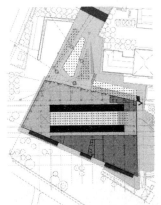

空间分析：

5m：逐步上升的透明栈道

16m：突然来到中庭可见天光，亦可见两边看台上的人

11m：又进入低层空间，继续逐步上升，下面为钢化玻璃地板，可见底层遗址部分

11m：最后爬升一段大台阶，来到展馆东边，侧面透过的自然光让空间豁然开朗

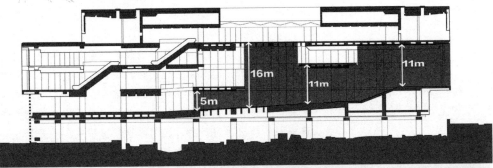

展厅主轴线的空间关系

作业1描述回顾：

　　通廊空间宽15m左右，空间的纵向尺度从最前面只有展墙高，到中间通高，到楼梯部分8m左右高，最后再到通高区域，整个空间宽度保持一致，但在高差上高低错落。

　　尽头处放置了黄白色的雕塑，由墙上的光可猜测尽头的空间是可以被阳光照射到的明亮的空间。

　　此处的进深空间与阶梯让我想起了名画雅典学院的构图，只不过是画中千年以来的一众伟大的圣贤人物化作了永恒的艺术品，我们作为游客走在这个空间中与他们同行。

《雅典学院》轴线上的空间关系

4 理性分析
ANA Rational Analysis

指南:

　　在前期3个练习中，强调个人对案例的直接感知和体验，摒弃已有的分析和评价。而在练习4的学习过程中，可以带着前期积累或隐藏的疑问，通过查找相关历史文献资料，辩证地吸收前人观点和分析。这一过程有利于建立独立的分析和判断。

输入:

　　时代背景、学术理论、历史沿革、个人经历。

输出:

　　对输入的内容进行整理和综述（需标注参考书目或论文等文献）。

步骤/分析:

　　将建筑师的成长和设计实践置入历史情境中。首先，对所处的时代和环境做出分析。其次，结合个人经历以及时代思潮，思考其如何影响设计实践。最后，分析案例对现当代建筑设计的影响（不少于1500字）。

评判标准:

　　综述全面、逻辑清晰。

参考阅读:

[1] 罗伯特·索科拉夫斯基.现象学导论[M].高秉江,张建华,译.武汉: 武汉大学出版社,2009.

[2] 张祥龙.朝向事情本身: 现象学导论七讲[M].北京: 团结出版社, 2003.

[3] 莫里斯·梅洛-庞蒂.知觉现象学[M].姜志辉,译.北京: 商务印书馆,2001.

　　经过了几周关于新卫城博物馆这一案例的学习，过程包括对照片的主观文字描述、运用图像与影音等媒介对照片进行重构以及对原本图纸的描摹体会，这一切的过程都是在没看过相关的案例分析点评与作者自己出版的相关书籍资料的情况下进行的。我们在这段过程中，一开始完全不了解该建筑的许多信息，包括建筑师，甚至是没有认出远处的遗址是帕提农神庙。我们在主观描述到技术图纸的描摹过程里逐渐在心中主观地建构了一个架在遗址上的一个现代主义博物馆的形象，以及许多摄影照片在我们心中留下了许多不同的空间感受与疑问，这些都在阅读了相关的资料和文献后获得了解答与启发。

一、时代背景

　　"二战"后，建筑师们通过经济的标准化建筑设计快速建造了城市，结果造成了建筑与城市的风格普遍趋同。20世纪80年代后期，学者们对此的反思包括了对建筑沉闷僵化的批判解构主义思想。伯纳德·屈米是现代主义建筑解构主义运动的代表人物。

　　伯纳德·屈米1944年出生于瑞士，毕业于苏黎世联邦理工学院，后来在英国、美国等多所建筑高校有较长时间的教学经验。他最早实现也是最为著名的作品是1983年赢得的法国巴黎拉维莱特公园国际设计竞赛项目，而雅典新卫城博物馆同样也是中标项目。

　　雅典新卫城博物馆设计竞赛在2001年由屈米拔得头筹，并于2009年竣工，用于取代原先的小型博物馆，展示精美的雅典考古文物。历史遗址的保护上，场地被大胆地选在了卫城旁边，马克里伊安尼是一处古代城市基址废墟，最早可以追溯到公元前2年至公元7年拜占庭时期。场地中的遗址是其与生俱来的特色与卖点，但同时也是存在建造困难的地方。项目困难在于，尽管占地面积有足够大的6570m²，但底部的70%仍保留在一个待被发掘的考古遗迹上，这层历史文化价值致使建筑设计必须在不破坏遗迹的前提下展开。这解答了为何遗址图片里出现了挖掘工具的疑问。这座建筑的遗址是在变化并持续被探索的。

城市关系上，场地周围环绕的建筑都是20年前被征用的私人公寓——现代较新的欧洲地中海风格的混凝土乡土住宅，即使都与高高的石灰岩上的卫城相望，但也与现代道路网系统一起与卫城失去了联系。场地上的这座博物馆必须调节好现代街道—卫城—历史遗迹的关系。为与帕提农神庙同等大小的博物馆顶层与其形成互相平行的空间关系，室内的轴线倾斜了23°，使雕刻的楣板暴露在与雕塑家菲迪亚斯的泛雅典人（Panathenean）游行相同的角度。

在政治原因上，希腊政府举办竞赛、兴建博物馆的真实意图，其实是试图迫使大英博物馆归还从帕提农神庙掳走的"埃尔金大理石雕"。埃尔金大理石是帕提农神庙的部分雕刻和建筑残件，19世纪初被埃尔金伯爵七世掳走，现存于英国伦敦大英博物馆。大英博物馆长期以希腊没有设施优良的文物博物馆用于保存为理由，不予归还。这也让我联想到中国有众多精美的文物被其他西方国家掳走，到现在仍然有许多存于西方的博物馆中。希腊并不是一个国力强盛的国家，但他们选择了将希望寄托于建筑身上，所以这个场地上建筑的展览设计必须拥有令人信服的影响力。

二、新卫城博物馆——电影叙事手法的空间设计

就是在这片场地上，伯纳德·屈米给出的设计答卷必须要满足上面三个任务，很显然，他完成得十分优秀，他运用了其重要的建筑理论成就之一，对建筑空间进行叙事研究。新卫城博物馆建筑空间中存在的大量事件与行为活动，无法用单一的、我们平常所说的例如"逃生流线""游览流线"等确定的动线来概括，而是要用"图解"作为手段。"图解"在字典中的释义为"用线条解释某物在某场所如何工作等的简单化"，除了平面图、立面图等技术图纸上，屈米发现了电影剧本与建筑空间的相似性。他把电影叙事手法置入了建筑的空间营造中，用这种手法回应了建筑的设计任务。

电影叙事依赖于电影剧本，电影通过剧本建立起事件序列的假想情景，这与历史博物馆这种建筑空间活动是十分相似的。游客在游览雅典卫城的时候，不同时空的事件就会带来视觉的碰撞，就像电影一样。屈米在后来的创作研究中，以电影的剪辑技巧为切入，运用建筑空间的叙事性表现手法，使空间中的运动成为建筑物生成的依据，将建筑组织绘制成如同电影胶片一样的运动序列。

我们平时看到的电影有许多转场手法，包括闪回、交叉剪接、跳跃剪辑、画面叠置等。新卫城博物馆就是不断运用这些手法去处理场地的历史遗迹这一要素。

背景是一栋天台上种着绿植的较旧的楼与一座紧挨着的灰白色的较新的楼。时间推测是傍晚，夕阳的光照射在两根粗的柱子上，画面最底下古老的圆和上一层圆角的洞与最上一层有棱角的形状形成古代与现代的对话。建筑师屈米运用了一种电影画面叠置的手法营造了这个空间。我们一开始描述的时候并不知道这里

是一个从坡道上来的入口的空间，照片更是从一个古老的遗迹的角度面对现代。人们在一个现代工艺才能建造出来的空洞旁边围绕起来向下参观遗迹里古老的石头对称的一个圆。不仅这一空间层面的几何形状元素互相呼应，游客围绕的空洞形状也与建筑本体和卫城的关系对应。

再如，建筑内部展馆具有进深感、层次感的空间也有参考电影中的跳剪（Jump Cuts，也称跳跃剪辑，它一般是指当摄影机对同一对象的两次连续拍摄，画面会发生跳跃式的变化，而摄影机的位置变化很小甚至根本不变，从而给观众造成主题在时间上向前跳跃的感觉），画面从室内过渡到半室内半室外空间。通廊空间宽15m左右，空间的纵向尺度从最前面只有展墙高，到中间通高，再到楼梯部分8m高度，最后到通高区域，地面材质一直到楼梯处都是可踏的钢化玻璃。整个空间宽度保持一致，但在高差上高低错落，很有韵律感。游客站在此处的视觉效果如同镜头呈现一般一镜到底，形成了一种同一时间处在不同空间的错乱感。

人们站在展厅长边处往下看是古老的遗迹，抬头远处也是古老的遗迹，建筑最顶上的玻璃体量也与帕提农神庙本体的体量相对应。游客在入口处就能感受到不同层次的多种关系，垂直的古迹与现代的交流，水平距离的古迹与现代的交流。建筑里还有许多的空间处理也运用了这种手法。

三、对设计的启发

屈米创作的核心是摒弃那些把建筑同化为搭建静态结构的传统。他将主体及其涉及的社会活动映射到建筑空间，并从这一点出发为建筑提出了一种截然不同的定义。他强调，建筑不能与在其内部发生的事件相互分离，而作为一种结构性工程，它的创造需要一种基于概念的方法。因此，屈米探讨了表述建筑空间的新模式——"记号"，以此对空间与行为之间的互动进行转译。

解构主义作为一股后现代思潮，给建筑学发展带来了深远的影响。解构主义建筑试图打破现代主义建筑千篇一律的冰冷形象，批判性地使用现代主义语汇，却重构了既有的传统关系，即"文脉"，从而赋予其新的意义。屈米作为这一运动的代表人物，并未将人的行为僵化为单一的线性，也并未将建筑简单用功能划分，而是关注建筑空间中不断发生的事件。屈米以电影剧本为切入点研究建筑空间叙事，通过建筑绘画发展了图像、运动与建筑空间的叙事转换策略。而建筑空间叙事的理论研究，在新卫城博物馆设计中付诸实践，成为方案的核心概念。

建筑空间叙事"源于建筑和雕塑的电影，再从电影返回到建筑中"。这一思想从理论研究贯穿至设计实践，理论与实践相互结合、彼此印证，对理解屈米的解构主义建筑设计思维具有启发意义。

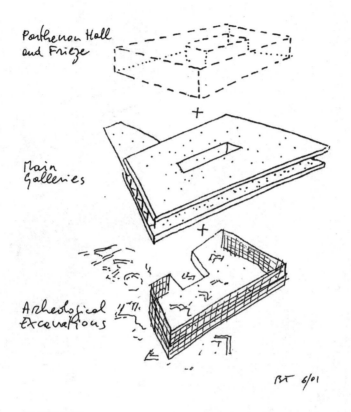

Parthenon Hall and Frieze

+

Main Galleries

+

Archeological Excavations

Bt 6/01

新卫城博物馆手稿

5 意识建构
ANA Consciousness Building

指南：

  练习 1~4 以倒推的方式还原建筑师的设计过程和设计方法。练习 5 则是希望还原建筑师设计之初的意识和构思，建构案例之所以形成的本质关联，即现象学所指的先验还原。

输入：

  结合练习 1~3 中还原的部分（再创作、再加工部分）进行整理和分析。

输出：

  完成建筑案例的概念方案，形成图示、图表、符号等系列，揭示建筑师先验的意识建构过程。

步骤 / 分析：

  结合练习 4 的理论和研究，将练习 2~3 中的本质还原结果进行再思考，形成具有逻辑性、整体性和系统性的意识建构推理，从而接近建筑师的先验意识或者与建筑师进行对话。方法 > 可以有多种意识建构方法和解读，作业力求概念明晰、结构简洁、表达完整（须有 500 字以上的设计说明）。

评判标准：

  图示、图表、符号简洁，逻辑清晰自洽。

参考阅读：

[1] 郑光复.建筑的革命[M].南京：东南大学出版社，2004.

[2] 李军.可视的艺术史：从教堂到博物馆[M].北京：北京大学出版社，2016.

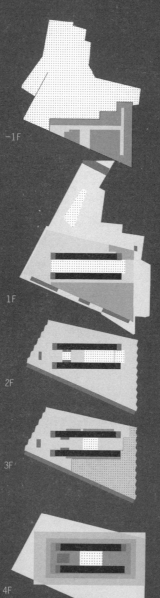

	空间功能	空间体验
-1F	考古发掘和古希腊遗址 200 人礼堂 咖啡店 商店	探索欲、引起好奇
1F	类似雅典卫城的斜坡 雅典卫城的展品 大英博物馆返还的大理石	进入古典的沉思 斜坡的抬升和玻璃 栈道不断地往复
2F	罗马帝国画廊 厄瑞克修斯神殿女像柱 自助餐厅	悠闲的游览 休闲平台一览雅典 卫城景色
3F	罗马帝国雕塑	沉浸式 仿佛置身集市 与雕塑的互动 随着玻璃立面变化 的光线
4F	帕提农神庙的全景 大理石 - 爱奥尼亚榴板 墙面	回到帕提农神庙 视线平行 空间大体 一致 现代与古代交织的 蒙太奇

现象1：由低层到高层，展厅的面积
逐渐减少
现象2：由低层到高层，分区的复杂
程度逐渐增高
现象3：由低层到高层，中空区域逐
渐减少
现象4：交通核呈带状分布，主要交
通在建筑东西侧
现象5：4层体块扭转与帕提农神庙、
带状交通核平行

历史遗迹或中空区域
展厅
房间
交通
辅助用房及交通

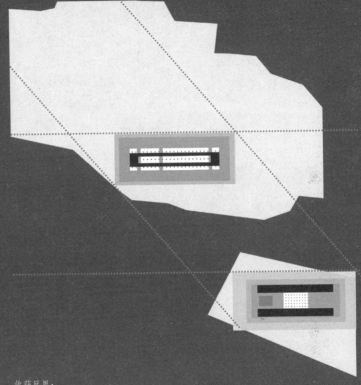

收获反思：
　　通过巧妙的展陈结合的空间布局，使人从古代到今日，形成与时空的
交织和反思。流线也是极为重要的一环，因为流线代表了时间线和故事线
的变换。而对博物馆来说，不只是展品和雕塑作为被欣赏的"事件"，游览、
穿梭其中的人也置身于同样的场景里。

作品分析总结：
　　本组作品分析在现象描述部分，建筑图片选取基本能反映建筑全貌（该工作由教师最终确定以确保理解建筑的完整性）。学
生以客观描述为主，有部分想象成分以及疑惑，这些方面在现象转译部分有所呈现，转译多与想象相关。值得一提的是，学生将
最具建筑师设计意图的一张照片以诗歌的形式转译，借诗歌的想象力来理解新旧建筑的历时性与共时性关系。在理性直观方面，
学生们通过对建筑剖面的临摹，结合现象描述内容并二次加工，揭示出建筑师屈米可能潜在的设计意图。在对前四部分分析之后，
学生们进行了较大胆的设计意识建构，即将帕提农神庙与新卫城博物馆在城市空间和建筑空间布局上做了高度的概括和对照，形成
对该作品独特的理解和认知，引人思考。

耶鲁大学英国艺术中心

YALE CENTER FOR BRITISH ART

路易斯·康

Louis Isadore Kahn

02

学生：

胡晓静　欧湘婷　黄郁涵　李　经　李施华

1 现象描述

ANA Description of The Phenomenon

指南：

从建筑大师的经典建筑中挑选案例作为研究对象。案例资料要全面翔实，包括但不限于高清建筑室内外及细部实景照片、高清视频、完整清晰的技术图纸，若有该案例大师设计的草图更好。在此练习中，通过对实景图片及视频的初步浏览，从中挑选或截取能全面反映该建筑案例外部、内部和细部特征的图片或截图，并对其进行现象学描述。

输入：

选择能全面反映该建筑室内外及细部的高清图片 ≥ 8 张（必须标注图片来源）。

输出：

对每张图片（或系列图片）进行现象学直观描述，回避前人或网络上的评论与分析，悬置概念，对图片或视频本身进行直观、全面而深入描述（字数和形式不限，可以是段落式整体描述，亦可单句逐一描述）。

步骤 / 分析：

分别选取建筑室内外及细部各 ≥ 1 张图片或一组系列图片进行描述，文字不少于 500 字。解释〉可以从整体环境、氛围、空间关系等出发，亦可直接陈述对图片内容的疑惑等直观感受，以及对场景或某物的个人记忆。描述需分层次，应调动除视觉外的其他感官。注意观察图片内容中各事物间关系，描述和陈述以句子为单元。感知〉你的描述将为下一练习打下基础。通过对图片的现象描述，练习将充分调动你潜藏的空间知觉和对事物的感知，具身体验经典建筑空间的特质。

评判标准：

文字表达清晰，个人感知丰富，观察细致入微，建筑描述完整，图片或截图精度 ≥ 300dpi。

耶鲁大学英国艺术中心，路易斯·康，1966 年

建筑的外观遵循着几何的特性，外立面被整齐地划分开来。深色和浅色建筑材质配合窗户上的玻璃，把握着整体外立面设计。

外立面有多个突出的深色材质的长方形整齐排列在浅色材质上，两者形成面与线的构成关系。浅色的墙面上泛着老化的痕迹向下延伸，深色的墙面上可以看到被纹理分割为六小块，墙上的玻璃倒映着周边的景色，隐约也透着窗内的空间。

一层空间外部由多个柱子支撑，不同于二～四层的外立面，一层底层架空，透过空间的阴影部分隐约可见内部呈现的微光。

空间整体一眼望去宽阔且明亮，立面上呈现的是对称状态。混凝土将木材分割为四层，又分割为若干个方块。最底层黑色部分接近门口处有文字说明。且混凝土的竖纹路和木材横纹垂直。

竖方向混凝土凹陷，和横方向不平齐。

左右各开了两个窗，中间开了四个，从左到右看，第一到第三个都拉上了窗帘。

地面右侧摆放着三个不同的雕塑，和立面的对称形成了对比。地面铺砖交错堆叠。

几乎对称的空间，空间中的每一根线仿佛相互呼应。

联系地面上的砖面与雕塑的材质颜色相近，融为一体，就像它原来就在这里。

顶上的天光投射的光影给予这个空间更自然的明暗关系。

木饰面在灰色的空间包围中显得更加沉稳和质朴。

中庭靠近出入口区域

高度大于宽度，具有严谨的对称性，从墙上的艺术品和开窗，到地上的沙发和地毯，尺寸上和内容上都是左右对称地呈现出来。

立于中间的圆柱是整体最大的亮点，也是对称轴一般的存在，将其一分为二。

地面上放置着四个沙发，是整体画面中最重色。

空间非常高且非常开阔。

画作和地毯又让整个空间被恰到好处地填补。

布置在墙面上的画作也非常大。空间中还有一段巨大的柱子。

墙面木饰面以钢筋混凝土规整间隔，每一面展墙上的画作都像是一扇窗户，透过这扇窗可看到画中的世界。

中庭区域

以俯视的角度呈现直梯和弯曲的拐角，整体组合成了一外圆内方的楼梯。

整体上看，由上至下，楼梯呈现出螺旋构图，透视上由大到小表现出每一层的状态。

光线从顶部的冷色到螺旋中间逐渐变暖，将视觉中心集中在了一个点，但又从一个点慢慢散开。

俯视楼梯视角

室内展览空间

图中的每一面墙都挂了艺术作品，整体的材质是木材、混凝土和白墙。

沙发位于正中间，除此之外地面没有其他的东西。

顶上天窗的开口是倾斜的，由外小向内大延伸，有序地排列在每一个位置。

天窗与天窗之间所形成的十字交会处都会有柱子有序地排列其中。

图中三个人都在端详着同一幅画，或坐着或站着。

画面上所有的画作，包括中间的地平线都连成了一条线。

空间之间的交叠

画面的左侧是一个连接着大厅的窗口，且可以看到柱子的顶部到天窗之上还是有所保留的。

窗户之外可以看到另一个窗户，对应的是另外一个空间。

从右侧看，墙和天窗组成的空间结构具有重复性。一个个相似的空间叠加组合，更加凸显建筑空间内部和透视的严谨。

从中庭的窗户望向对面窗户内空间

立面上对称的两个窗口呈现着空间内部形态。外部是混凝土与木板两种材质的结合。

内部材质以木为主，百叶窗透着微弱的不均匀的光。

木材纹路由多个矩形叠加构成。

外部的光线来自太阳照射，明亮且清晰。

而透过窗户内部的光线是相比之下较为昏暗的暖光灯。

呈现出由外到内、由亮到暗的关系。

木质材料与灰色墙体的分割形成鲜明的对比。

通过规整的窗口可以望见窗洞内空间的概况和正在来来回回浏览艺术作品的人。

整个空间也被极其对称地划分排列，偶尔会带来一丝镜像空间的感觉。

透过百叶窗的光线让展台上的艺术作品更加突出整体色调的温暖，整个空间带来更多时间的古朴质感。

2 现象转译
ANA Translation of Phenomena

指南:

该练习建立在练习 1 的基础上，目的在于将练习 1 中的感性、主观和直观的文字描述转化为其他符号形式，建立一种与读者或建筑师交流沟通的平台或情境。

输入:

选取练习 1 中你所感兴趣的图片（或系列图片）≥ 3 张，并分别对其转译（应包含建筑内、外及细部三部分内容）。

输出:

用图示、拼贴、手绘、置换或隐喻等形式进行现象转译。

步骤 / 分析:

运用图示、拼贴、手绘、置换或隐喻等形式表达，将案例作品现象的文字描述转化为非语言形式，进而对图片中的现象进行更宽泛的理解和讨论，建立属于你独有的空间语言系统。解释＞图示、拼贴和手绘表达为较常规的设计语言。置换或隐喻的意思是，用其他感知形式置换视觉图像，或采用诗词歌赋、格言、小说片段，或采用电影、戏剧场景甚至音乐符号等形式将复杂的个体空间感知转译为有意味的空间描述。

评判标准:

能充分呈现个体感知，运用多种形式表达，表达清晰准确且精致。

参考阅读:

[1] 彼得·卒姆托.思考建筑[M].张宇，译.北京：中国建筑工业出版社，2010.

[2] 尤哈尼·帕拉斯玛.肌肤之目：建筑与感官（原著第三版）[M].刘星，任丛丛，译.北京：中国建筑工业出版社，2016.

[3] 尤哈尼·帕拉斯玛.思考之手：建筑中的存在与具身智慧[M].任丛丛，刘星，译.北京：中国建筑工业出版社，2021.

向下望，神秘中带着诡异
像在凝视深渊的同时深渊也在凝视着我
仿佛一不小心就会被吞噬

螺旋向下的交通空间

■ 希区柯克变焦

一种镜头变焦同时配合轨道远近移动的视觉效果,这种效果很能营造紧张的氛围。希区柯克变焦的特点很明显,中间人物或者物体的大小基本保持不变,但是背景却在快速收缩或者扩张。

图片摘自电影《迷魂计》

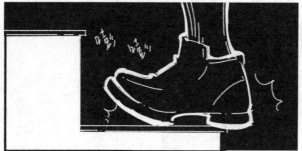

嘭嘭嘭嘭……

咳……咳咳咳……咳……

嘘……

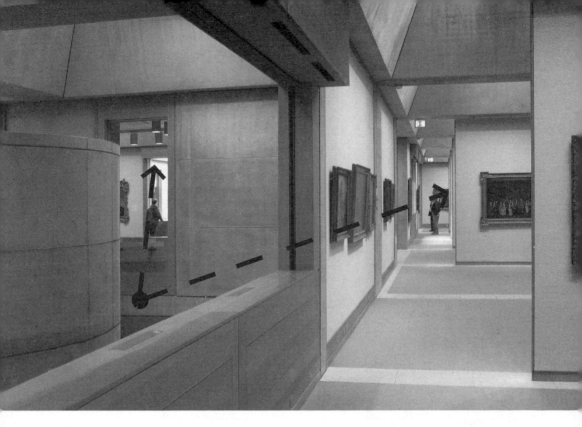

视线穿过中庭与窗户

■ 感受

身处在这个空间，
望向窗外的另一个空间，
透过窗口看见其他空间，
就像在不同空间里穿梭，
层层叠加……

穿过中庭望向窗内展品

通过规整的窗口，
望见窗洞内正在浏览艺术作品的人，
让我不禁猜想，
这是否也是另一幅崭新的空间画作，
我看着窗内的人，
窗内的人看着艺术品，
艺术品里是否也有一个人，
在望向别人呢？

断章
卞之琳
你站在桥上看风景，
看风景人在楼上看你。
明月装饰了你的窗子，
你装饰了别人的梦。

图片摘自电影《后窗》

也许也是一种窥视······

霍普窥见了每个负重前行的人深藏的
孤独，这份孤独平静地弥漫开，很难
不让人产生共鸣。

3 理性直观
ANA Rational Intuition

指南：

整理出的案例资料（以技术性平立剖面图为主，兼顾大师概念手稿），并重新制作平立剖图（手绘或电脑），目的在于对案例有更专业的认识（注意回避分析性图纸资料）。在绘制过程中结合练习 1 进行思考，结合练习 2 提出问题，并做初步的专业性解答。以上内容均建立在悬置概念基础上，即不对已有案例分析做评价和参考，目的在于得出个人对案例的直观理解和感知。

输入：

练习 1、练习 2 中的感知和思考。

输出：

结合练习 2 的成果，绘制案例相关技术图、制作电脑和实体模型（比例 1：100~200），并提出不少于 5 个问题。

步骤 / 分析：

绘制案例相关技术图及制作电脑和实体模型，结合练习 2 的设计成果对技术图和模型等做二次加工用来提出问题或做出解答。方法 > 此步骤为开放性设计，同练习 2 类似，需创造性地将个人感知结合到已完成的设计"事实"中，试图理解建筑师的可能思考路径和设计过程，向"大师"提出问题并与其展开"对话"。

评判标准：

不低于参考技术图纸要求，模型制作材料统一，二次设计形式多样。

参考阅读：

[1] 沈克宁. 建筑现象学 [M]. 北京：中国建筑工业出版社，2008.

[2] 彼得·卒姆托. 建筑氛围 [M]. 张宇，译. 北京：中国建筑工业出版社，2010.

[3] 斯蒂芬·霍尔. 锚 [M]. 符济湘，译，天津：天津大学出版社，2010.

耶鲁大学英国艺术中心街景图

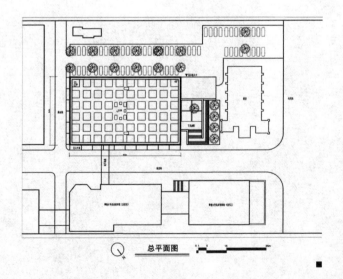

总平面图

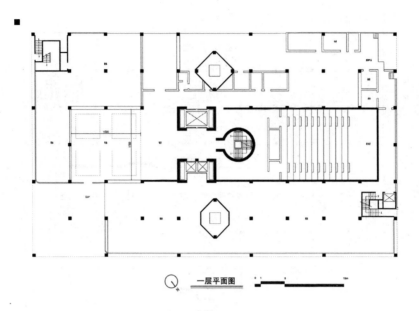

一层平面图

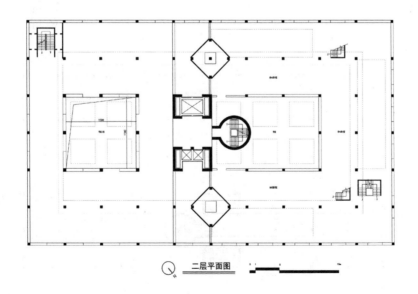

二层平面图

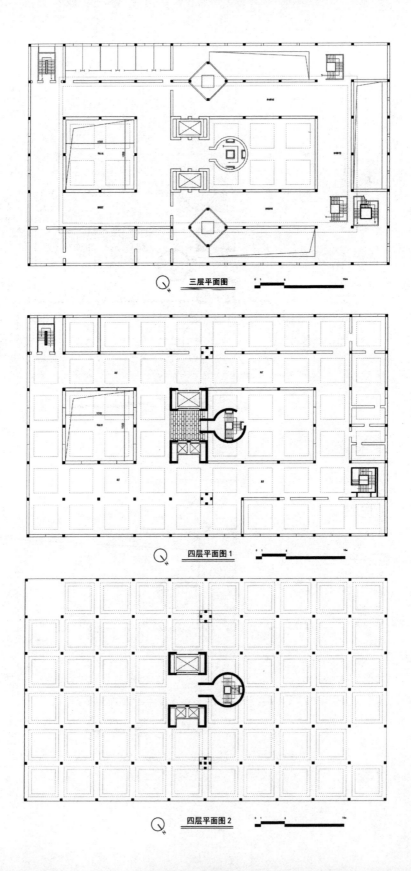

三层平面图 0 5 15m

四层平面图1 0 5 15m

四层平面图2 0 5 15m

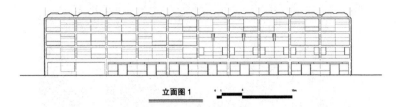

立面图 1

立面图 2

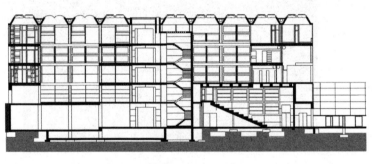

剖面图 1

剖面图 2

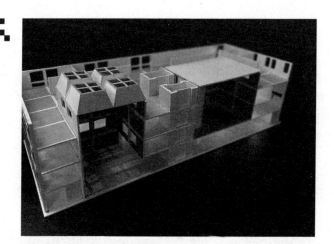

模型图

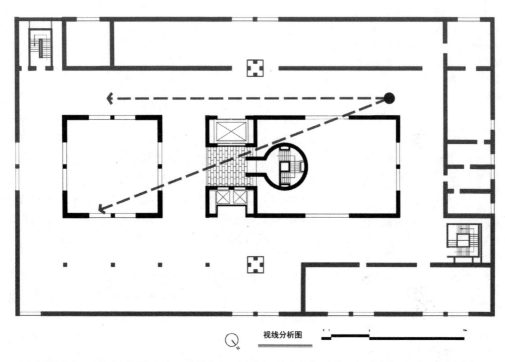

视线分析图

从人的视角望去可以看到建筑结构一层又一层地重叠，从这个窗口望向另外一个窗口看见的场景更具神秘感和结构感。

4 理性分析
⋀ＮＡ Rational Analysis

对于前期现象描述即练习 1 部分，在没有查阅其他人对于该建筑案例分析的前提下，我们借助若干张高清照片切入观察，第一感受是其具有强烈的"几何秩序"美感。因此先入为主，空间的几何秩序影响着我们对于该建筑之后的解读。设计中运用几何原则创造美观、有序及和谐的效果，以达到空间的平衡感。这种秩序在表达了建筑具备理性而又严谨逻辑的同时，也充满着叙事的感性。

一、几何秩序之下的材料运用

康对于材料运用也遵循着几何的秩序。建筑的内外部根据其功能和空间以多种材料进行几何的划分，因此无论是建筑的内部空间还是外部空间，都有着明显的几何规律。这个几何秩序以材料对比的方式尤为突出。

材料质感的对比：材料的选择上突出注重质感和表达力，混凝土作为该建筑的主要材料被用来创造坚固的外观，同时也呈现出一种自然的粗糙质感，这种材料质感的使用赋予了建筑强烈的个性和独特性，就像是对于文化艺术品故事的刻录。同时，建筑内部强调了对自然光的利用。大面积的玻璃窗户和天窗被用来引导自然光进入建筑内部，为展览空间提供明亮、均匀的照明。这些玻璃元素与混凝土的质感形成了鲜明的对比，为建筑增添了现代感。

材料特性的对比：室内设计中，木材被用于地板、墙面、天花板和家具等部分。这些木材为室内空间增添了温暖和舒适感。与混凝土较为冰冷的特性不同，木材更多展现的是温暖和生命力，这也是因为康考虑到了人在内部空间活动时的情绪。

　　总的来说，英国艺术中心建筑材料的运用体现了康的材料美学和对材料的独特处理方式。混凝土的坚固性及其突出的质感和玻璃的透明性以及木材的温暖相互结合，创造了一个充满质感、光线充足且带动情绪的艺术展示空间。这种材料的多样性和对比使得英国艺术中心成为建筑界和设计界的经典之一。

二、几何秩序之下的空间联系

　　康运用建筑内外结构的秩序，创造出了人在空间内部活动的秩序。在设计中采用了精心规划的平面布局，以确保展览空间充分利用并最大限度地展示英国艺术品。规整的网格结构将建筑内部划为不同类型的展示空间，并且由若干小空间串联起来形成整个空间展览的叙事。

　　在转译部分的练习中，我们注意到了空间中窗户与窗户的视线关系形成的多层叠加，这种感觉犹如在理发店里见到的场面——两面镜子相互反射，镜子里的画面交叠成若干，并消失于一个点。康将自然光也视为艺术品的一部分。他设计了特殊的天窗和窗户，以引导自然光的方式通过天窗和中庭进入展示空间。这些光线的变化和流动为展示艺术品创造了独特的环境和体验。与此同时，建筑内部的多层楼面与空间布局都是结合时间线展示不同时期和类型的艺术作品。因此中庭的窗户更是将建筑的视觉中心聚焦，从一个窗户望向另外一个窗户的空间，无论是空间内容上还是时间内容上都形成了鲜明的对话，让整个空间在秩序感之中也有历史故事起承转合的节奏，有着令人浮想联翩的思绪转化。整个空间顺着引入的自然光线的天窗和窗户，叙事内容围绕两个中庭展开，而中庭里窗户之间的视觉联系更凸显出了空间之间的联系，这有助于建立起空间里的展示内容之间的联系，从而建立起不同时期不同作品之间的情感交融。

三、几何秩序之下的空间节奏

在平立剖图的绘制过程中，我们事先观察了大师的手稿，结合前面的现象学分析与转译过程也受到了不少英国艺术中心里空间布局的启发——空间中任何一个部分都有其存在的理由。

美术馆建筑内部空间总共分为四层，其中一层的一半连接着通向负一层的报告厅。但无论是外立面还是内部平面，整体都呈现着严谨的结构感，互相交错叠加。从平面图思考，柱和墙形成了若干正方形空间。这些正方形空间犹如一个大模型的零件，多个零件的堆叠即形成了完整的模型。而多个方形空间横向与纵向的堆叠形成了整体平面；从立面图思考，这些若干的正方形空间的叠加、抽取与删减形成了整体的内部结构，影响了内部空间的视线与光线，从而达到叙事的目的。内部严谨的几何结构感贯穿着整个建筑（在平面、剖面上都有呈现）。

康的设计具有柏拉图式的特征，而柏拉图式的特征中最显著的是他的作品中所坚持的"几何秩序"。将建筑整体看作一个简单的几何体，从几何结构上思考，无论是平面还是剖面，横平竖直的方块零件之中贯穿着一个圆柱体，这个圆柱体连接了整个建筑空间，且与内部环境形成了强烈的方圆对比，视觉上有着强烈的引导作用。但在众多方块之中突然出现的圆柱并没有破坏空间的几何秩序，反而占据着一枝独秀的位置，是此建筑不可或缺的存在；而从建筑功能上思考，方块结构部分是建筑的展览空间与其他基础功能空间，圆柱部分是建筑的楼梯空间，连接着整个建筑的内部，是建筑的输入与输出的终端。因此，楼梯空间呈现圆柱形态，一方面是有着强烈的指示作用，告诉身处建筑空间内部的人们这块区域是连接的重要节点；另一方面，则是将建筑内部展示进行一个串联，使得整个空间的节奏更加稳定。在单层平面空间布局中，康的设计强调了空间的流动性和连接性。因此画廊之间的过渡空间通常是宽敞的，允许游客在观赏艺术品时感受到平稳的空间过渡，从而达到叙事的目的。

四、对于后世的启发

几何代表着人们对极致的追求和对自然的敬仰，也代表着人与自然的关系。用康自己的话说："我相信当人们讨论设计的时候我们就在讨论秩序。我认为，设计跟环境有关，而秩序是对环境各方面的发现。"康将建筑看作是自然秩序的一部分，并对它们始终怀着尊崇之情。在英国艺术中心的设计中，建筑融入了多种几何秩序，视觉与空间上都通过这些秩序将整个空间的各方面紧密联系。因此，无论是身处建筑内部的人们还是观察这些照片的我们，都可以通过多种角度和方式去观察周边的事物。而每每切换一种角度就会有一种新的思绪和新的想法在脑海里涌现，那么这些建筑内部的展览和艺术品更能给人们留下深刻的印象，创造出人们对于建筑内部展示空间与艺术品的多元化思考，达到更加强烈和深刻的叙事目的。

总的来说，康的建筑哲学融合了几何秩序和对自然的敬仰，他将两者结合在一起，创造出独特的建筑语言，使作品成为现代建筑中的经典。他的作品不仅是功能性的建筑，更是艺术品和人类精神相互交融的情感表达。因此，启示了后人们：建筑应当是尊重自然与秩序，且传达情感、引发思考，并与人们的意识和灵魂产生联系的容器。

5 意识建构
ANA Consciousness Building

指南：

练习 1~4 以倒推的方式还原建筑师的设计过程和设计方法。练习 5 则是希望还原建筑师设计之初的意识和构思，建构案例之所以形成的本质关联，即现象学所指的先验还原。

输入：

结合练习 1~3 中还原的部分（再创作、再加工部分）进行整理和分析。

输出：

完成建筑案例的概念方案，形成图示、图表、符号等系列，揭示建筑师先验的意识建构过程。

步骤 / 分析：

结合练习 4 的理论和研究，将练习 2~3 中的本质还原结果进行再思考，形成具有逻辑性、整体性和系统性的意识建构推理，从而接近建筑师的先验意识或者与建筑师进行对话。方法 > 可以有多种意识建构方法和解读，作业力求概念明晰、结构简洁、表达完整（须有 500 字以上的设计说明）。

评判标准：

图示、图表、符号简洁，逻辑清晰自洽。

参考阅读：

[1] 郑光复.建筑的革命[M].南京：
    东南大学出版社，2004.

[2] 李军.可视的艺术史：从教堂到
    博物馆[M].北京：北京大学出版
    社，2016.

一层平面

二层平面

三层平面

四层平面

代表空间中的主要开放空间，是整体建筑内部的主要调性

代表空间中的连接（过渡）空间，由衔接不同空间及能够同时看到主基调空间和特定空间的功能决定。

代表空间中区别于主要开放空间的特定空间具有独立的功能

通过删减对空间划分作用不大的柱体，从原始阵列排布的柱体中提取出空间疏密度更为明显的柱体分布图

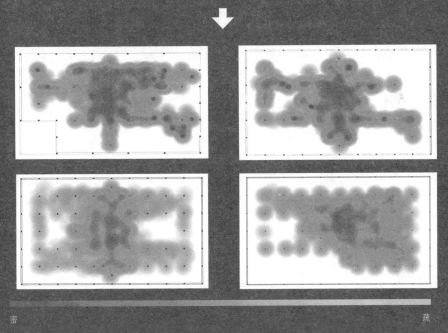

密   疏

观察1：平面热力图体现了一到四层平面的人流都是由中心向四周扩散，中心处空间人流进出频率更高

观察2：平面热力图在一定程度上体现了内部空间结构对人流动线挤压程度（由于空间划分的关系人与人之间的空间距离更小）

观察3：平面热力图体现了空间布局的复杂程度（例如空间的边界更规则或更曲折）

观察4：……

作品分析总结：

　　路易斯·康的作品处处彰显着对建筑本质哲学式的思考。在现象描述中，学生们对建筑的内部关注更多，从另一侧面也证实了康对于寻找神性空间的执着。在现象描述中同样能隐约感受到康对于建筑空间、建筑节点和材质的整体塑造。在几组建筑作品现象学分析中，该组学生在现象描述和现象转译方面做得相对突出，特别是对四层图片的转译。学生们通过希区柯克的经典悬疑电影《后窗》以及现代绘画大师霍普的系列画作，生动地阐释出康在建筑空间中透明性的处理。最后，在意识建构部分，学生们用平面热力图再次印证了建筑师在建筑空间中希望达到的流动效果。经过5个步骤，好的分析可以在每个部分中得到相互印证，在这一点上，本组学生也做得相对较好。

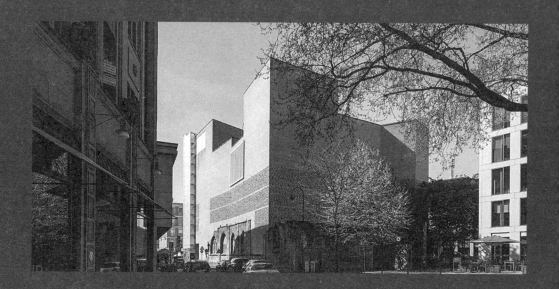

科伦巴博物馆
KOLUMBA MUSEUM

彼得·卒姆托
Peter Zumthor

03

学生：

曾 翔　刘崇朴　黄林光

周莹怡　吴倩仪　蔡曼丽

指南:

从建筑大师的经典建筑中挑选案例作为研究对象。案例资料要全面翔实,包括但不限于高清建筑室内外及细部实景照片、高清视频、完整清晰的技术图纸,若有该案例大师设计的草图更好。在此练习中,通过对实景图片及视频的初步浏览,从中挑选或截取能全面反映该建筑案例外部、内部和细部特征的图片或截图,并对其进行现象学描述。

输入:

选择能全面反映该建筑室内外及细部的高清图片≥8张(必须标注图片来源)。

输出:

对每张图片(或系列图片)进行现象学直观描述,回避前人或网络上的评论与分析,悬置概念,对图片或视频本身进行直观、全面而深入描述(字数和形式不限,可以是段落式整体描述,亦可单句逐一描述)。

步骤/分析:

分别选取建筑室内外及细部各≥1张图片或一组系列图片进行描述,文字不少于500字。解释>可以从整体环境、氛围、空间关系等出发,亦可直接陈述对图片内容的疑惑等直观感受,以及对场景或某物的个人记忆。描述需分层次,应调动除视觉外的其他感官。注意观察图片内容中各事物间关系,描述和陈述以句子为单元。感知>你的描述将为下一练习打下基础。通过对图片的现象描述,练习将充分调动你潜藏的空间知觉和对事物的感知,具身体验经典建筑空间的特质。

评判标准:

文字表达清晰,个人感知丰富,观察细致入微,建筑描述完整,图片或截图精度≥300dpi。

阳光下的科伦巴博物馆,彼得·卒姆托,2007年

■ 大约五层高的灰白色主调建筑伫立在城市的次级马路边,其不似旅游景点一般喧闹,而是低调但庄重的建筑。

外立面的元素丰富,有古老建筑富有历史感的拱门,以及新技术带来的大块玻璃窗、拉丝的纹路,以及一些透光孔。

■ 　透光孔并没有呈现有规律的排布，让人好奇在建筑内部会见识到何种效果。

　　开窗都是相当大的落地窗，而没有开窗或开孔的地方采光会令人觉得如监狱一般幽闭。

　　古建筑的部分有曲有直，而新建筑部分只能看到直线元素。

　　楼顶的起伏并非以整层的高度进行，而是散漫的波动。

画面中央偏后的三个拱窗首先吸引了我的眼球，窗洞的下半部分是老砖，而上半部分是新的墙，有如神龛一般的庄重感。

　　更加近距离时能看到透光孔，它们大小不一，且都是矩形的开孔。

　　左侧一人多高的老墙上半部分有被雨水侵蚀的黑渍。

　　空地中间长条白色大理石上凹凸的黑色石块如假山一般。

惬意的开放休憩空间，旧建筑与新建筑完美融合

　　右侧露出了些许落地玻璃窗，折射出了新建筑墙上拉丝的砖纹理。

　　砂石的铺地并没有为树木布置额外的树池，甚至没有一丝裸露的土壤部分，树的叶子已经全部褪去，却没有在地上留下什么。

　　散落的几把银灰色的椅子提示我们，这里是一个可以坐下来小憩的空间。

圣器室遗址庭园

■　画面中央锈迹斑斑的金属结构，表面有被燃烧过的痕迹，推测其以前是被用来进行宗教仪式的某种器具。

地砖有些许不平整，植物从地砖的缝隙中生长出来，表明地砖的历史比较长久，缝隙中枯黄的落叶表明此照片可能是在秋季拍摄。

从古建筑部分的砌砖方式来看，墙体部分是横向的交错砌砖；窗框则是向心或发散的砌砖方式，以达到圆拱形窗框的效果。

墙角转折处有一些向内突出的结构，并且这些结构的下部有类似木材料的支撑。

古建筑接地部分使用的砖块材料与上面的有所不同。

新建筑上的一些砌砖方式回应了古建筑的部分，看起来有所设计，但同时由于材料的不同又有比较强烈的拼接感。

左边第一扇窗有石砖构成的窗框，而其他窗户没有。

正中央的窗户内部的木质窗框虽然不完整但隐约能看出原来的结构。

站在走道上看博物馆一层室内

　　木质廊道下面似乎保留了老建筑的废墟，以向游客展示这部分空间最原始的样子。

　　左侧的玻璃花窗充满宗教气息，图案主要由蓝色的三角形、黄色的椭圆形和白色的类似翅膀的形状构成，并且每块玻璃的内容不一样。

　　远处地面的废墟在没有灯光的照射下依然很有光感，玻璃花窗的透光性较强。

　　最远处的拱门内透出了强烈的暖光线，廊道连接着的下一个空间可能是光照较多的走廊或展厅。

　　■　　廊道扶手表面有反光，应该是上了蜡使触感光滑。

　　　　右侧墙体的古建筑部分，在同一墙面使用了多种不同的砖块，可从颜色、大小和形状上进行区分。

　　　　古建筑部分除了墙体以外还有两种不同的突出结构，一粗一细，也许是两种不同的柱式。

　　　　古建筑墙体上方的新建筑部分，镂空了一些砖块以引入自然光，可以看到墙外有一条黑色的排水管道。

一层废墟遗迹区域

　　建筑的墙体由两种材质组成，下面的部分由砖混搭砌而成，上面的白墙有间隔的镂空，在设计语言上和下面的砖墙形成统一。

　　底下的砖墙贴合着数根石柱，与上面的白墙并没有形成衔接，上面带有许多裂痕，石柱底下是一个多边形台座。

　　地板向下凹陷，周围有许多坑洞，往前是一个坑道，上面放置着许多坑坑洼洼的乱石。

　　道路的中间是几根顶至天花板的石柱，石柱表面光滑，整体状态尚且完好，旁边是悬挂着的电灯。

　　靠近里面的位置有一道棕色的木栅栏，与砖墙呈平行的状态。

　　左边的高墙整体呈灰白色，上面的中间有一扇窗户，底下则是黑白间隔的砖石，石墙上充满划痕，整体呈破败之感。

■ 　天光在一般博物馆开放的时间内拥有相当的照度，恰好符合了人们参观时的照明需求，阳光强烈时所带来的光斑也提供了非常有意思的视觉体验。

　　同时，风吹过这些开孔时会发出一些窸窣的声响，也是一种有趣的体验。开孔的作用似乎带来了许多切合场地需要的照明，并提供了丰富的感官体验，从形式上来说，开孔在某种意义上意味着"破碎"感，正契合了下方残破的哥特式砖墙。

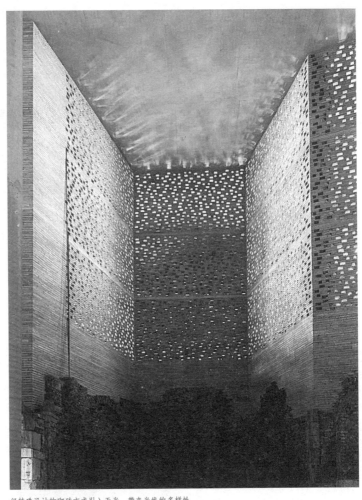

经特殊设计的砌砖方式引入天光，带来光线的多样性

2 现象转译
ANA Translation of Phenomena

指南：

该练习建立在练习 1 的基础上，目的在于将练习 1 中的感性、主观和直观的文字描述转化为其他符号形式，建立一种与读者或建筑师交流沟通的平台或情境。

输入：

选取练习 1 中你所感兴趣的图片（或系列图片）≥ 3 张，并分别对其转译（应包含建筑内、外及细部三部分内容）。

输出：

用图示、拼贴、手绘、置换或隐喻等形式进行现象转译。

步骤 / 分析：

运用图示、拼贴、手绘、置换或隐喻等形式表达，将案例作品现象的文字描述转化为非语言形式，进而对图片中的现象进行更宽泛的理解和讨论，建立属于你独有的空间语言系统。解释 > 图示、拼贴和手绘表达为较常规的设计语言。置换或隐喻的意思是，用其他感知形式置换视觉图像，或采用诗词歌赋、格言、小说片段，或采用电影、戏剧场景甚至音乐符号等形式将复杂的个体空间感知转译为有意味的空间描述。

评判标准：

能充分呈现个体感知，运用多种形式表达，表达清晰准确且精致。

参考阅读：

[1] 彼得·卒姆托.思考建筑[M].张宇，译.北京：中国建筑工业出版社，2010.

[2] 尤哈尼·帕拉斯玛.肌肤之目：建筑与感官（原著第三版）[M].刘星，任丛丛，译.北京：中国建筑工业出版社，2016.

[3] 尤哈尼·帕拉斯玛.思考之手：建筑中的存在与具身智慧[M].任丛丛，刘星，译.北京：中国建筑工业出版社，2021.

Statue can not speak.

■　利用科伦巴博物馆的一些建筑场景，结合自身感受，虚构了一段历史故事，以小动画的方式呈现，名为"雕塑不会说话"。

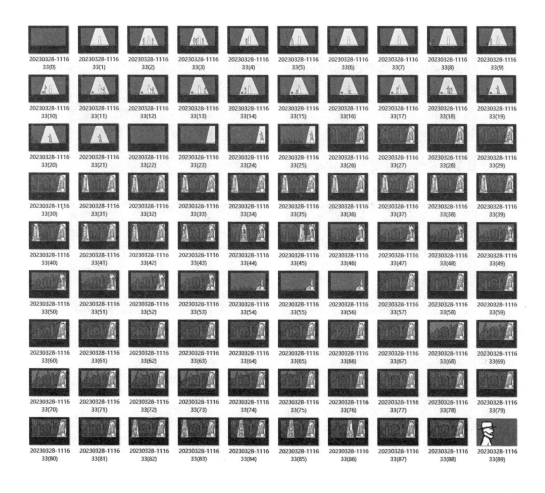

一段时长三分钟左右的动画，一共手绘80多帧完成，讲述的是一名雕刻艺术家与自己作品之间跨越时空的故事。

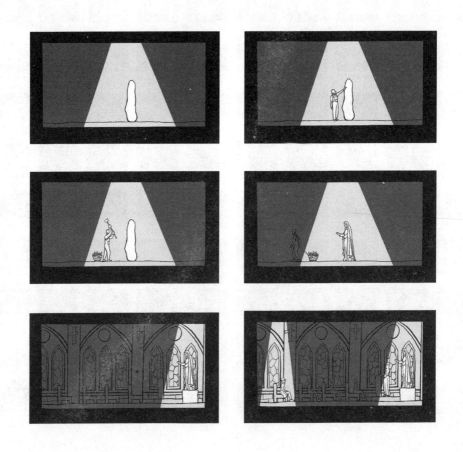

■ "我"本是一块石头，经过一个陌生男人的雕刻后，变成了一块具有人像的雕塑。

雕刻好后的我被摆放在教堂中央，开始接受人们的祈祷，日复一日。

■

　但是在寻常的一天，意外却突
然到来。

　当战争袭来，我在地面的震颤
中断掉了一条手臂。

■

可是陌生男人却不顾自己的安危将我的手臂捡起，后来赶来的士兵展开杀戮，他倒在血泊之中。

战争过去，人们又回到这里，将残破不堪的一切修整好。

■

　而我一直在这里，目睹了历史的变迁。

　一切似乎都归于平静，我从受人景仰的神像变为了供人观赏的雕塑，只不过一个人的出现让我不再宁静。

3 理性直观
∧N∧ Rational Intuition

指南:

整理出的案例资料（以技术性平立剖面图为主，兼顾大师概念手稿），并重新制作平立剖图（手绘或电脑），目的在于对案例有更专业的认识（注意回避分析性图纸资料）。在绘制过程中结合练习1进行思考，结合练习2提出问题，并做初步的专业性解答。以上内容均建立在悬置概念基础上，即不对已有案例分析做评价和参考，目的在于得出个人对案例的直观理解和感知。

输入:

练习1、练习2中的感知和思考。

输出:

结合练习2的成果，绘制案例相关技术图、制作电脑和实体模型（比例1：100~200），并提出不少于5个问题。

步骤/分析:

绘制案例相关技术图及制作电脑和实体模型，结合练习2的设计成果对技术图和模型等做二次加工用来提出问题或做出解答。方法＞此步骤为开放性设计，同练习2类似，需创造性地将个人感知结合到已完成的设计"事实"中，试图理解建筑师的可能思考路径和设计过程，向"大师"提出问题并与其展开"对话"。

评判标准:

不低于参考技术图纸要求，模型制作材料统一，二次设计形式多样。

参考阅读:

[1] 沈克宁.建筑现象学[M].北京：中国建筑工业出版社，2008.

[2] 彼得·卒姆托.建筑氛围[M].张宇，译.北京：中国建筑工业出版社，2010.

[3] 斯蒂芬·霍尔.锚[M].符济湘，译，天津：天津大学出版社，2010.

科伦巴博物馆街景图

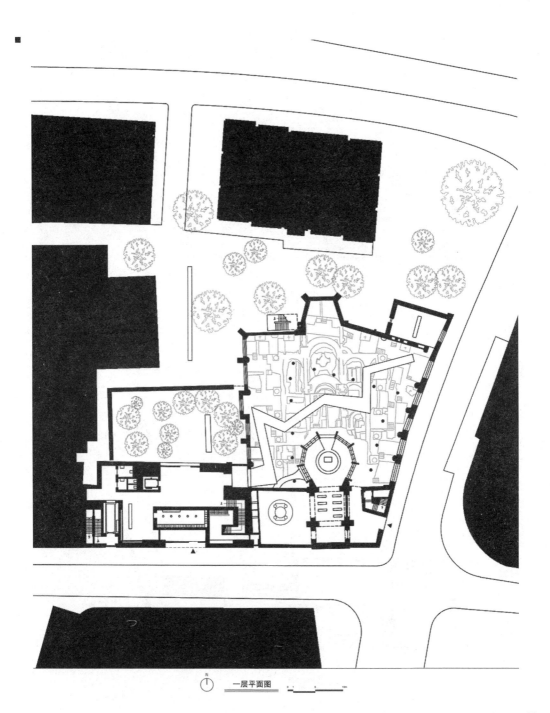

一层平面图

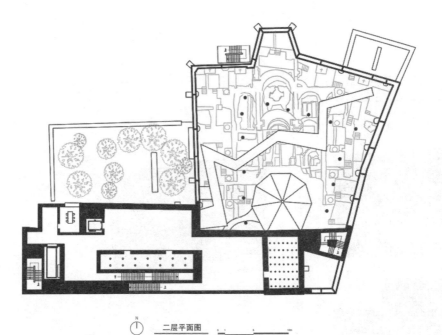

N 二层平面图   0 1   5   10m

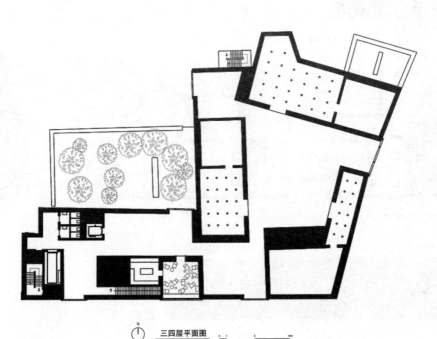

N 三四层平面图   0 1   5   10m

剖面图 A

剖面图 B

4 理性分析
∧N∧ Rational Analysis

指南:

在前期 3 个练习中，强调个人对案例的直接感知和体验，摒弃已有的分析和评价。而在练习 4 的学习过程中，可以带着前期积累或隐藏的疑问，通过查找相关历史文献资料，辩证地吸收前人观点和分析。这一过程有利于建立独立的分析和判断。

输入:

时代背景、学术理论、历史沿革、个人经历。

输出:

对输入的内容进行整理和综述（需标注参考书目或论文等文献）。

步骤 / 分析:

将建筑师的成长和设计实践置入历史情境中。首先，对所处的时代和环境做出分析。其次，结合个人经历以及时代思潮，思考其如何影响设计实践。最后，分析案例对现当代建筑设计的影响（不少于 1500 字）。

评判标准:

综述全面、逻辑清晰。

参考阅读:

[1] 罗伯特·索科拉夫斯基.现象学导论[M].高秉江,张建华,译.武汉:武汉大学出版社,2009.

[2] 张祥龙.朝向事情本身:现象学导论七讲[M].北京:团结出版社,2003.

[3] 莫里斯·梅洛-庞蒂.知觉现象学[M].姜志辉,译.北京:商务印书馆,2001.

一、关于科伦巴

科伦巴博物馆的材料选择比较简单，主要是石材、布料、不锈钢、木材等。在建造之前，这些材料各具有不同的情感特征，而在形成建筑之后，这些材料之间的组合形成了一种情感，这种情感通过建筑向参与者传递了空间的情绪。

在对科伦巴博物馆的学习中，我们认为光线与色彩对空间氛围的营造有很重要的意义。室外自然光从砖块砌筑的缝隙进入内部空间，形成随着时间流逝不断变化的内部空间，在他的理念中，高于建造的是在人与建筑的互动中体验到的感觉。建造是营造氛围的手段，而色彩是营造空间氛围的重要元素。在这方面的应用使得色彩更加细腻和富于个性。在他的建筑中，色彩营造空间氛围的方式多种多样，建筑外观或者内部空间均受到影响。

卒姆托对颜色的要求是严格而细腻的，他特地为科伦巴艺术博物馆定制了黏土砖。黏土砖呈浅米色，薄而长的砖以顺砖的方式砌筑在哥特教堂的残墙之上。这里的浅米色砖直接砌筑在旧墙体上，从形式上来说具有很强的冲突感，而新砖的色彩与旧墙体色调一致，深浅不一，新旧之间的统一使这种冲突变成新旧之间的融合更替。另外新的颜色非常浅，以低调的姿态介入建筑中去。因此单纯从色彩上来说，这样的方式促进了新建筑与环境的融合，同时突出了建筑形式感，使人更关注建筑的空间感知。

二、关于卒姆托

概括来讲，现象学是一门关于事物与意识关系的学问。建筑设计操作是相对独立于现象学的，现象学对建筑设计的作用建立在设计能力的基础上。卒姆托的设计技能——对材料以及空间的感受和场地的把握，使现象学的"事物性"和"意识"得以实现。

卒姆托的批判地域主义思想，认为建筑是一个非常在地的产物，建筑扎根于具体的环境中。卒姆托将地域、场所、对象、文化视为创作的必要基础，创作时结合考虑不同地域不同对象，且他并没有完全拒绝与环境的联系及对地域性的考虑，而是通过创新性的材料应用来塑造建筑的环境氛围。

卒姆托的极少主义建筑思想和密斯的有着本质的区别，其极少主义建筑在继承现代主义建筑的一些本质原则的基础上，更理性与严谨，在简约的表象下赋予建筑复杂的意义。因此他信奉建筑实物之独立自持、形体纯一，即便本身并不是自然生就的，也要努力去达到这一目标，他认为艺术创作过程要力求纯一，这样，现实本体才不会消融在满是转瞬即逝的符号和图像的无尽大潮中。

三、关于时代背景

纵观科隆的历史，从最早的罗马定居点开始，教堂已经矗立在了今天科伦巴博物馆所在的地方。在中世纪，圣科伦巴科隆教区就是最大和最主要的教区，科伦巴教堂的建造展示了当时教区的权力及影响力。科伦巴教堂随着科隆城1943年在"二战"中被盟军空袭炸毁。此后，除了由当地建筑师戈特弗里德·玻姆（Gottfried Bohm）建造于1949年的轰炸纪念教堂外，废墟基本上原封未动。这里成为科隆所剩无几的能唤起历史回忆的场所之一。1973年，一处重要的考古遗迹在老教堂下被意外发现，揭示出此处还存在罗马、哥特以及新石器时期（公元1世纪中期）的遗迹。

生于瑞士巴塞尔的建筑设计师彼得·卒姆托，在1986年为邱尔古罗马考古遗址设计了围栏，运用威尼斯百叶窗创造出的魔幻光感给建筑界带来了惊奇。而他之后设计的瓦尔斯温泉浴场和布雷根兹艺术博物馆更清晰地表明了其对待建筑的态度：在现代建筑中力挽传统的信念。他为德国科隆新设计的科伦巴艺术博物馆，在赋予现存遗迹和历史应有的尊严方面非常成功，从而被人们称为"反思的地方"。同是历史遗留物，不同的建筑师给了不同的对待历史建筑的解决方法，彼得·卒姆托采取的修复和改建方法为的是开放式地展露它的历史肌理，最大限度地保留建筑的原真性。那么卒姆托在建造时是如何面对传统、如何保留历史价值、如何重建永恒价值的？

科伦巴博物馆坐落在科隆市中心，与步行商业街仅几步之遥。前来的路上，访客走到科伦巴面前的时候，才发现这个灰白色的建筑。从这个教堂斜对面歌剧院的角度观看这个建筑，它就像一个白色的城堡，有城垛和塔楼，它像岩石一样牢固地坐落在那里，秉持着一贯的保守风格，仿佛数百年来一直在那里。

四、关于卒姆托此前的作品

在设计科伦巴教堂之前，卒姆托就设计过一个同样建在遗址上的建筑物，即在罗马发掘的庇护所。

当时卒姆托拥有木匠学徒和格劳宾登州保护部门雇员的个人背景，这些经历在他的对考古遗址的尊重和聪明的方式中有所体现。用木制的薄片铸成的墙使得光与风轻松透过建筑，早在20世纪80年代卒姆托就开始展现出对于光与风的敏感。向上台阶的入口提醒我们这个建筑拥有架高于遗址的连廊，这些在科伦巴教堂的设计中也有体现。

其中对于声、光、风的设计，以及对于材料的使用方式在之后的汉诺威世博会瑞士馆也有表现。在这个项目中，墙壁用拉杆和钢弹簧连接。另一组横梁垂直于甲板水平放置，覆盖顶棚内部并加固组件。整个结构仅通过堆叠它们引起的梁的压缩和摩擦来工作。用带子和钢弹簧捆绑可以使木材的尺寸变化，并与建筑物的临时性质相一致。

没有一个螺钉、钉子、夹子、别针、孔或一滴胶水用于该项目。正因如此，在展览期间没有一根梁被损坏，展览结束时全部拆除并用于其他工作。

五、时代思潮与技术进步

在20世纪建构领域中，诸如路易斯·康的萨尔克研究所、卡洛·斯卡帕的奎瑞尼·斯坦帕里亚基金会大楼、约恩·伍重的悉尼歌剧院，我们可以清晰地从中看到，建构视野下，建筑与场地之间保持着一种物质和空间上密切的共存关系（当然，这种关系如此重要，并不仅仅存在于建构理论的视野中）。

首先，科伦巴教堂建于废墟之上，将新墙的部分建于旧墙之上，同样也利用了建构技术，并为了保护文物以及尽量规避结构给空间带来的影响。同时也在立面和内部空间的色彩营造上，做了很好的新旧之间的融合。在科伦巴艺术博物馆中，也不难看到卒姆托对色彩的处理，立面中定制的米白色砖块砌筑在教堂的历史遗迹上，现代建筑和历史遗迹相映衬，营造出了美妙的颜色关系。

场地内旧墙体的厚度约为70cm，而为了减轻新建墙体对旧墙的压力，使用了中空的设计，这样一来，新建墙体的重量减轻，使得新旧墙体的融合变成可能。

其次是尽量地隐藏了空间结构构件，在墙体的空腔中塞入了多根钢管混凝土柱，室内仅留下14根细柱，以减少结构对于室内空间意境的影响。细柱在这个空间中不那么惹人注意，如果观众在观察空间中入了神，可能会忽略细柱的存在，整个天花板也在这时让人感觉是完全悬空的。

在这样一个空间中，教堂遗迹的花窗透露出淡蓝色的光晕，木制的廊道提供了赭石色元素，最后是占整个空间大部分的米白色，其与遗迹的灰色相衬托，有一种在历史中遨游的感受。

最后是有关空心墙体的镂空组砌法，这样的砌墙方式进一步减轻了墙体的重量，同时也强化了室内外关系的结合。除了必要的灯具外，透过墙体的光使得室内显著降低了场地的其他运行费用，更能感受到建筑本身所体现出来的历史底蕴，带来了更多的生活气息。

走在遗址上的木质廊道，倚靠着栏杆，望向砖缝中透露出来一道道光，星星点点的光斑落在遗迹废墟上，感受沙沙的作响声，仿佛行走在历史的秋色中，树影斑驳，给人一种在深秋静静享受在一座古城中穿行的别样感受，在这样的一场感官盛宴中，通过观看表面的肌理、光影的变化，以及了解建筑背后的历史，能更全面体会设计师想要表达的故事，我们作为学生也能通过一件作品产生与大师对话的感受。

科伦巴博物馆几乎经历了现代社会的所有历程，又融入了现代艺术、历史、宗教、艺术、建筑、展览……这些不可分割的组成使其成为一个内核充盈的鲜活有机体。它对观众具有独特的吸引力，并引发观众去感知、激发观众去思考，展览与展品获得了具有思想互动的凝视。它的成功有独特的天时地利因素，更有博物馆整体设计与策展方面的人为努力，它为其他博物馆提供了重要的参考价值。

5 意识建构
ANA Consciousness Building

指南：

练习 1~4 以倒推的方式还原建筑师的设计过程和设计方法。练习 5 则是希望还原建筑师设计之初的意识和构思，建筑案例之所以形成的本质关联，即现象学所指的先验还原。

输入：

结合练习 1~3 中还原的部分（再创作、再加工部分）进行整理和分析。

输出：

完成建筑案例的概念方案，形成图示、图表、符号等系列，揭示建筑师先验的意识建构过程。

步骤 / 分析：

结合练习 4 的理论和研究，将练习 2~3 中的本质还原结果进行再思考，形成具有逻辑性、整体性和系统性的意识建构推理，从而接近建筑师的先验意识或者与建筑师进行对话。方法 > 可以有多种意识建构方法和解读，作业力求概念明晰、结构简洁、表达完整（须有 500 字以上的设计说明）。

评判标准：

图示、图表、符号简洁，逻辑清晰自洽。

参考阅读：

[1] 郑光复.建筑的革命[M].南京：东南大学出版社，2004.

[2] 李军.可视的艺术史：从教堂到博物馆[M].北京：北京大学出版社，2016.

墙面开孔的作用似乎带来了许多切合场地需要的照明，并提供了丰富的感官体验，从形式上来说，开孔在某种意义上意味着"破碎"感。

室内灯具选择的是圆锥形的吊顶射灯，每盏灯光的覆盖范围较小，光较强烈，主要分布在廊道的两侧，为游客提供照明，灯光和小孔引入的阳光构成空间的主要光线来源。

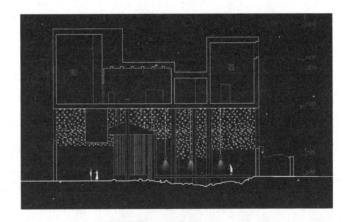

暖色的、聚焦的灯光为游客提供照明；冷色的、柔和的室外光构成上层空间的漫反射光线，同时在教堂花窗的反射光也不会破坏设计的整体性，整个空间光的设计和布置井然有序。

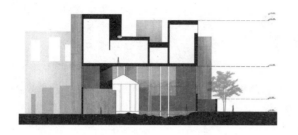

　　墙上特殊的砌砖方式引入了外界环境光，成为一种特殊的"灯光"，这灯光不只是孔洞透出的光，还有映在天花板上的光斑再漫反射到室内环境中的光。

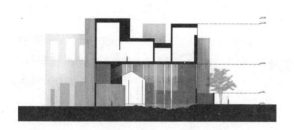

　　吊顶射灯以及墙壁开孔透入的天光，在整个场景中各司其职，互不影响，空间内的不同光线混乱而有序，形成了独特的光影氛围。

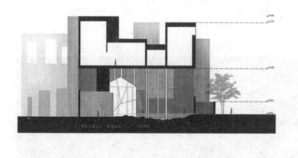

　　小教堂内的灯光透过琉璃窗散发出七彩光，以及在教堂顶部的一些漫反射蓝光，同时小教堂周边的射灯也强调了这栋建筑。对小教堂整体建筑的利用成为整个空间中一个重点。

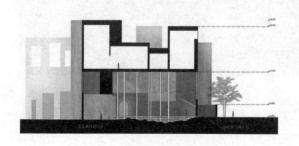

　　从照片中可见，两个出入口的光照度相对室内照度来说强烈许多，具有强烈的引导作用，利用人的好奇心指引游客前往下一空间。

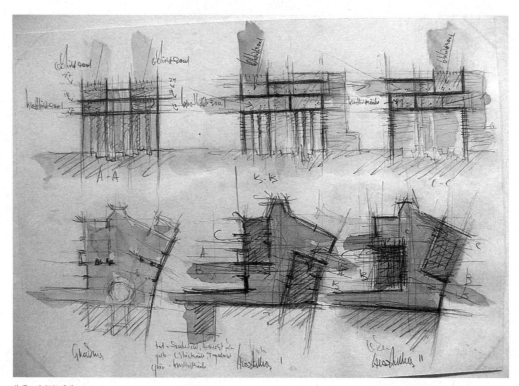

彼得·卒姆托手稿

作品分析总结：

    该组作品为彼得·卒姆托设计的建筑作品中规模较大者。同其他优秀作品一样，该作品重点在于建筑所营造的氛围。所以，学生们的现象描述所呈现的正是这种氛围的客观记录。遗憾的是，在选取图片时，并未能选择三层艺术博物馆空间部分，这为作品分析带来部分障碍和片面性。在现象转译部分，该组学生将建筑拟人化，通过三分时长的动漫形式叙述了建筑遗址与新博物馆的情感关联，启发人们对建筑生命的思考，也开阔了作品分析的视野。在理性直观部分，没能进行技术图纸的二次加工，我想原因在于图片选取不全面所带来的认知受限。在意识建构部分，学生们将重点放在遗址空间的分析上。得出了新建筑与历史遗址相融合的关键在于建筑师对光的巧妙处理和应用。当然，作品还有很多值得分析的部分，由于个体差异和现象描述的片面带来的分析结果也具个性化。

汉姆生中心
Knut Hamsun Centre

斯蒂文·霍尔
Steven Holl

04

学生：
伍可美　麦毅诗　张子祎
吕俊君　冯燕舞　陈思远

指南：

　　从建筑大师的经典建筑中挑选案例作为研究对象。案例资料要全面翔实，包括但不限于高清建筑室内外及细部实景照片、高清视频、完整清晰的技术图纸，若有该案例大师设计的草图更好。在此练习中，通过对实景图片及视频的初步浏览，从中挑选或截取能全面反映该建筑案例外部、内部和细部特征的图片或截图，并对其进行现象学描述。

输入：

　　选择能全面反映该建筑室内外及细部的高清图片≥8张（必须标注图片来源）。

输出：

　　对每张图片（或系列图片）进行现象学直观描述，回避前人或网络上的评论与分析，悬置概念，对图片或视频本身进行直观、全面而深入描述（字数和形式不限，可以是段落式整体描述，亦可单句逐一描述）。

步骤 / 分析：

　　分别选取建筑室内外及细部各≥1张图片或一组系列图片进行描述，文字不少于500字。解释＞可以从整体环境、氛围、空间关系等出发，亦可直接陈述对图片内容的疑惑等直观感受，以及对场景或某物的个人记忆。描述需分层次，应调动除视觉外的其他感官。注意观察图片内容中各事物间关系，描述和陈述以句子为单元。感知＞你的描述将为下一练习打下基础。通过对图片的现象描述，练习将充分调动你潜藏的空间知觉和对事物的感知，具身体验经典建筑空间的特质。

评判标准：

　　文字表达清晰，个人感知丰富，观察细致入微，建筑描述完整，图片或截图精度≥300dpi。

从乡野墓地望向汉姆生中心夏季景观

从乡野墓地望向汉姆生中心冬季景观

　　我应该是从森林出来，眼前是一片石碑，我判断这是墓园，有女人带着花来纪念，在她的身后，黑色的如同钢琴盒子的建筑吸引了我的目光。它就那样静静地伫立在一片绿色中，幽静却不可猜测。它是纪念碑吗？是谁的墓碑？为谁存在？我不知道，我只能揣测，我的目光无法搜寻到其他的物件，它就在我的心里留下了黑色的问号。

　　黑色的盒子被风雪掩盖了半截，墓碑与黑色融为一片。它重塑自己的幽静与不可捉摸，茫茫的白色中，它仿佛消失了，却又在下一瞬间出现。神秘的黑色搭配着白色的雪，它仿佛带着神秘进入了冬天。

从远处看呀。

建筑耸立在河畔，四周环绕着郁郁葱葱的树木，远处山体上泛着薄薄的雾色，阳光轻柔地落下，画面中散发着春夏时节清晨的气息。

画面左侧的建筑体是一栋塔楼与一座单层礼堂，外立面皆呈黑灰色，塔楼顶部竖立着长毛草。

画面中塔楼的形状厚重，左上角的不规则折角有一股"顶撞"的生命力。折角下可以看见飘出的黄色玻璃阳台，晶莹又剔透。

这景象沉静，又静默地涌动着力量。

汉姆生中心远景图，处于湖泊和森林之间

建筑平视图，表面黑白界线明显

我们站在建筑下往上看。

涂有柏油的黑色木制外立面。

画面左侧中，建筑体不同两面的交界处，是一扇透明拐角玻璃幕墙，隐约可见其后站立着观看景色的人影。

画面中央是一处小小的黄色透明玻璃阳台，在建筑的"折角"开始的地方，破开建筑，向外延伸出来。这与建筑体黑色木制表皮形成了强烈的对比，有一种俏皮的偶然性，像一个意外又精彩的音符。

挑板式结构，方形平面，加上无框透明玻璃护栏，在黑色木制表皮的映衬下，使得阳台线条简洁利落，观感轻盈神秘，使人忍不住好奇，置身其间所观看到的景象又是怎样？

我们镜头拉近了看。

塔楼黑色木制表皮在阳光的照耀下有些泛灰白色，带有风吹日晒所留下的风化痕迹。那斜斜顶出的角投下一片阴影。

楼顶竖立着密密的一圈长茅草，给建筑带来了挪威的传统气息；又相辅相成地给建筑带来了无声的气场。

方正有力的建筑体，有几处突然的破开：不规则的玻璃窗，长宽大小不一；飘出的玻璃阳台，在阳光中折射出明黄色的、形状分明、富有趣味的投影。

转角处凸窗

漫步来到入口。

黑色方正的塔楼全然映入眼帘，左侧的黑色单层建筑与其之间连着一条似乎是台阶的东西。塔楼前方脚下是一片空地，应当是人群聚集抑或是停车的地方。塔楼后方及右侧被葱郁的林木包围。

汉姆生中心建筑整体

建筑内部，入口处灰空间以及楼梯

我们穿过入口，进入建筑的内部。

一进门，浅灰色的地面，白色的墙，墙上写着一段话，有的地方挂着画作。

墙角有一处灰色的长椅，似乎是石头做的？长椅边摆放着一个头像雕塑的展台。

这话是什么呢？

我在猜。

建筑内部楼梯流线

我是这地砖中的一块，躺在此处已经有些时日。这曲折的阶梯像我的家乡，我的来处也是蜿蜒曲折的青山。但是我却无从把握他们的来处。空灵幽蓝的白色映出一片星光，然而金色的密林孔缝中是连绵的闪电。

这是一个充满推进感的楼梯间。画面中只出现了黑白灰三色。画面的左下方是向上的楼梯，栏杆采用细长的金属制成，每根竖向栏杆上都有一个小挂钩，栏杆之间有淡金色的金属网格格栅。空间感也随之向上延伸，上了楼梯后是一扇扁长的窗户，再往上是上一层的平台，从平台的缝隙中可以看见更上一层的平台与天花板，楼梯平台底下有两盏筒灯和一盏射灯。

上层的人探了个头，增添了几分乐趣；人的背后是窗户的一部分，光线也随之溜进来，洒在了占据画面大部分的横条肌理的白墙上，让人不可抗拒地想要触摸这面墙。光线指引人的视线往左上走，又出现了一团光晕，点缀上方的墙壁。建筑空间在明暗之间不停深沉地呼吸，创造灵动的氛围感。

错落的楼梯间

汉姆生中心建筑内部夹层布局

当我们继续往上走，驻足在这儿观望，可以看见上下两层明显的反差。下层较灰暗，色调较暖；上层较明亮，色调较冷。

上层光束的附近有了些小变化，多了一处不知从何而来的折射光，状似波纹，如有一鱼跃入水中。

下层的光晕更直接地显现在了我们面前。其中一团在墙面与地面的交界处，稍显柔和；另一团则完全在墙上，要更强势一点，蕴含着一股往上的冲劲，势如破竹。除此之外，右边的金属格栅上还有一盏壁灯在静静地散发着光芒，并不抢眼，只安静地待着。

上中下三圈护栏将空间的形状勾勒，最下方的护栏交叠在一起，比较繁复，中间的护栏舒展开来，比下层稍简，上层只稍露出了一条极简的底部边线，空间的简约感也由下而上递增。

汉姆生中心阳台局部

我坐在这里好一会儿了，木头的香气扑鼻而来，什么是木头的香气呢，就是太阳晒过的木头散发的淡淡香味，或者是雨天里漫步在丛林中萦绕鼻尖的那一抹味道。在阳台或者走廊里看到的景色是不完整的，但是不知道为何，一切的不完美却变成时间的完美。

回到走廊，多美妙的光影。

光穿透左侧的金属格栅，在黑色楼梯扶手上、灰色地面上、白色的墙上投影下细长的、有规律的投影。

汉姆生中心走道，金属栅格

汉姆生中心屋顶平台

我透过相机的小孔，看见了黑色四方体上是无数鲜花，开得如此浓密鲜艳，我却想落泪，我却是难过。无数的金黄杆枝只能望见远处无际的云层。这刚刚好的角度，收束的视角正好规整地通向我记忆的入口。

2 现象转译
ANA Translation of Phenomena

指南:

该练习建立在练习1的基础上,目的在于将练习1中的感性、主观和直观的文字描述转化为其他符号形式,建立一种与读者或建筑师交流沟通的平台或情境。

输入:

选取练习1中你所感兴趣的图片(或系列图片)≥3张,并分别对其转译(应包含建筑内、外及细部三部分内容)。

输出:

用图示、拼贴、手绘、置换或隐喻等形式进行现象转译。

步骤/分析:

运用图示、拼贴、手绘、置换或隐喻等形式表达,将案例作品现象的文字描述转化为非语言形式,进而对图片中的现象进行更宽泛的理解和讨论,建立属于你独有的空间语言系统。解释>图示、拼贴和手绘表达为较常规的设计语言。置换或隐喻的意思是,用其他感知形式置换视觉图像,或采用诗词歌赋、格言、小说片段,或采用电影、戏剧场景甚至音乐符号等形式将复杂的个体空间感知转译为有意味的空间描述。

评判标准:

能充分呈现个体感知,运用多种形式表达,表达清晰准且精致。

参考阅读:

[1] 彼得·卒姆托.思考建筑[M].张宇,译.北京:中国建筑工业出版社,2010.

[2] 尤哈尼·帕拉斯玛.肌肤之目:建筑与感官(原著第三版)[M].刘星,任丛丛,译.北京:中国建筑工业出版社,2016.

[3] 尤哈尼·帕拉斯玛.思考之手:建筑中的存在与具身智慧[M].任丛丛,刘星,译.北京:中国建筑工业出版社,2021.

汉姆生中心内部白色空间转译

整体空间切割为简单干净的几何体，没有一点弧度，相较于室外的"童趣"，室内更显朴实无华，色调单一，没有过多的装饰，非常果敢爽朗，阳光从几何形的窗户里透出来折射在金色的装饰板上，中和了空间的理性，带给人一种舒适的感觉，黑色矩形网格防护栏有规律地排列在台阶一旁，划分了单一色调，让空间更富有层次感。

　　这个空间让我第一时间联想到了2017年上映的电影《方形》中主人公克里斯蒂安所在的艺术馆，两者相同的是该艺术馆的空间也简单干净，秩序空旷，划分得十分清晰明了；但两者之间不同的是，艺术馆整体的色调布光和配乐比较昏暗偏向于黑色幽默，而汉姆生中心室内因为有窗作为媒介，把光从建筑各个部位引入室内，所以整体感觉会更加平静舒适井井有条，让人不禁感叹光作为一种媒介是多么重要，能让两个相似的空间有不同的氛围和体验感。

■　干净

■　温暖

■　简单黑白

 汉姆生中心屋顶层金色外表皮

亲近自然、惬意

重复

排列

光影感、温暖

纷繁交错

时间流逝

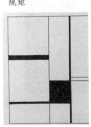

规矩

游客从电梯中感受到它在上升—停止—缓慢开门—看到门外的风景，屋内的规矩与屋外的自然形成反差，豁然开朗。如果说室内是为展出汉姆生的作品与纪念物，那么室外或许是为了带领人们回到汉姆生《大地的成长》里的田野与森林，从他的创作情感中纪念这位伟大作家的光辉岁月。电梯门打开时，阳光与自然映入眼帘，一切都生动了起来。

等待

豁然开朗

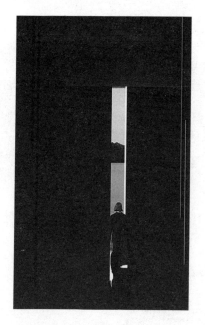

不同材质不同色彩的搭配为肃穆的建筑增添了欢快的色彩，几何形态的窗户、楼梯就像小朋友在房子上摆放一块块的积木一样，富有童趣感。

这个建筑在一栋深黑色的墙体外部运用几何堆积＋切割的方式组合而成，同时运用了多种材质以及更为明亮跳跃的颜色。加上照片与蓝天相交融的拍摄角度让我联想到了《飞屋环游记》这部电影。这部电影讲述的一个主题就是：愿我们出走半生，归来仍是少年。就像这个建筑一样，整体沉稳肃穆，但在细节上又活泼童趣。鲜艳的窗户色彩与黑漆外墙形成对比、玻璃、钢板等不同材质的运用又与整体的混凝土建筑相结合。看似不协调的关系却能形成一种反差的美感，更增加细节感。如同电影里的主人公一样，年迈之际却做了很多梦幻的事情。这栋"飞屋"也一样，简单的一栋房子因为彩色气球而别具一格。

欢快、反差、童趣、活泼、明亮

联想到的电影：暮光之城
与电影相似之处：
治愈、温暖、坚定
不用言语诉说的浪漫

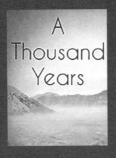

这首歌表达了默默在身后守护不求回报的爱。正如歌词："I have loved you for a thousand years"（我对你的爱已跨过千年时间的考验）就像此建筑一样，伫立在萧瑟的环境中干净又坚定，暖黄色的灯光使建筑多了一份温暖，能够治愈一切。无论四季环境如何变化，建筑干净简洁的美却能永驻。没有花里胡哨的形态，也没有多余的复杂的装饰，简单单一的建筑体块更加耐人寻味。

坚定而独立
冷清却温馨
肃穆又柔和
在萧瑟的环境中有一席治愈之地

3 理性直观
Rational Intuition

指南:

　　整理出的案例资料（以技术性平立剖面图为主，兼顾大师概念手稿），并重新制作平立剖图（手绘或电脑），目的在于对案例有更专业的认识（注意回避分析性图纸资料）。在绘制过程中结合练习1进行思考，结合练习2提出问题，并做初步的专业性解答。以上内容均建立在悬置概念基础上，即不对已有案例分析做评价和参考，目的在于得出个人对案例的直观理解和感知。

输入:

　　练习1、练习2中的感知和思考。

输出:

　　结合练习2的成果，绘制案例相关技术图、制作电脑和实体模型（比例1：100~200），并提出不少于5个问题。

步骤/分析:

　　绘制案例相关技术图及制作电脑和实体模型，结合练习2的设计成果对技术图和模型等做二次加工用来提出问题或做出解答。方法＞此步骤为开放性设计，同练习2类似，需创造性地将个人感知结合到已完成的设计"事实"中，试图理解建筑师的可能思考路径和设计过程，向"大师"提出问题并与其展开"对话"。

评判标准:

　　不低于参考技术图纸要求，模型制作材料统一，二次设计形式多样。

参考阅读:

[1] 沈克宁.建筑现象学[M].北京:中国建筑工业出版社, 2008.

[2] 彼得·卒姆托.建筑氛围[M].张宇, 译.北京: 中国建筑工业出版社, 2010.

[3] 斯蒂芬·霍尔.锚[M].符济湘, 译, 天津: 天津大学出版社, 2010.

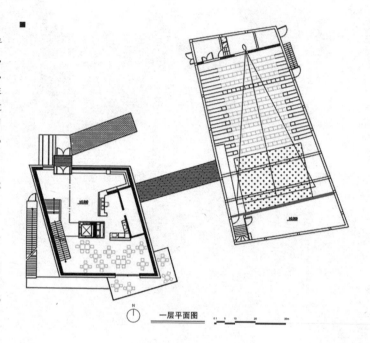

一层平面图

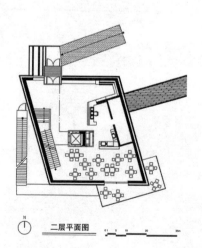

二层平面图

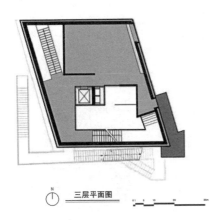

N 三层平面图 ⊕ 0 1 5 10   20   30m

N 四层平面图 ⊕ 0 1 5 10   20   30m

N 五层平面图 ⊕ 0 1 5 10   20   30m

N 六层平面图 ⊕ 0 1 5 10   20   30m

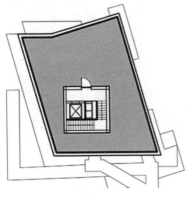

N 七层平面图 ⊕ 0 1 5 10   20   30m

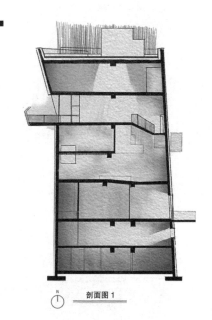

剖面图 1

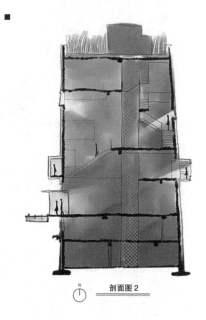

剖面图 2

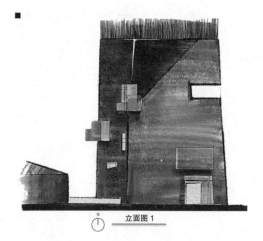

立面图 1

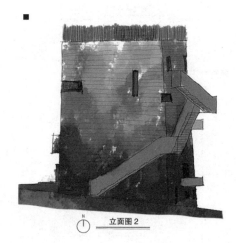

立面图 2

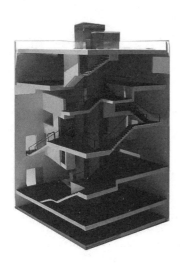

模型 1

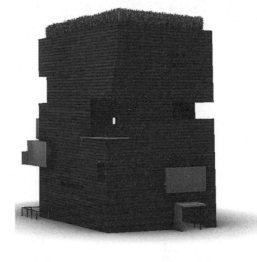

模型 2

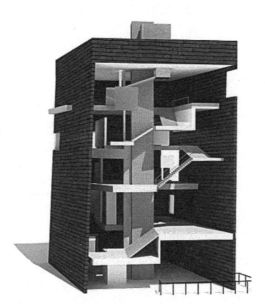

模型 3

4 理性分析
ANA Rational Analysis

指南：

在前期 3 个练习中，强调个人对案例的直接感知和体验，摒弃已有的分析和评价。而在练习 4 的学习过程中，可以带着前期积累或隐藏的疑问，通过查找相关历史文献资料，辩证地吸收前人观点和分析。这一过程有利于建立独立的分析和判断。

输入：

时代背景、学术理论、历史沿革、个人经历。

输出：

对输入的内容进行整理和综述（需标注参考书目或论文等文献）。

步骤 / 分析：

将建筑师的成长和设计实践置入历史情境中。首先，对所处的时代和环境做出分析。其次，结合个人经历以及时代思潮，思考其如何影响设计实践。最后，分析案例对现当代建筑设计的影响（不少于 1500 字）。

评判标准：

综述全面、逻辑清晰。

参考阅读：

[1] 罗伯特·索科拉夫斯基.现象学导论[M].高秉江,张建华,译.武汉:武汉大学出版社,2009.

[2] 张祥龙.朝向事情本身:现象学导论七讲[M].北京:团结出版社,2003.

[3] 莫里斯·梅洛－庞蒂.知觉现象学[M].姜志辉,译.北京:商务印书馆,2001.

斯蒂文·霍尔，1947 年生于美国华盛顿州布雷默顿，是美国当代建筑师的代表人物之一。

一、时代背景

1970 年，23 岁的斯蒂文·霍尔从华盛顿大学建筑系毕业，前往罗马和伦敦学习建筑。伦敦建筑联盟学院学习期间，扎哈·哈迪德是他的同学。他们有过合作，后来成了朋友和彼此有力的竞争者。

在霍尔出生至学习的时代，即 20 世纪 40—70 年代，西方社会经历了复杂的发展过程，具体可以分为战后恢复期（主流与发展）、繁荣期（多元与对抗）、危机期（分裂与反思）。

现代建筑派在这一时期继承了从 19 世纪末至 20 世纪初的设计艺术风格，探索各种新时代建筑的理念与实践，并结合两次世界大战期间各国的具体情况综合而成。这一时期，现代建筑派更加清晰、成熟地展现了它们的共同特征，具体可以分为以下几个方面：第一，具有功能主义特征。强调功能是设计的中心和目的，而不再是以形式为设计的出发点，讲究设计的科学性，重视设计实施时的科学性、方便性、效率性。第二，形态方面。形式上提倡非装饰的简单几何造型，这是受艺术上的立体主义影响。

霍尔的理论从本质上说，还是信奉现代主义思想，但他也不满于现代主义建筑过于具体、过于冷酷的结构表现。他强调其设计目的是寻找建筑难以琢磨的本质。从这种思维出发，他的设计比较注重强调空间的巧妙处理，追求平淡之中包含精巧的形式和内容。他的作品深入下去就能有丰富的设计内涵。

同时霍尔建筑设计的艺术感也受到了家庭的影响。霍尔的父亲是一位伞兵，但同时也是个艺术家，喜欢做手工，他对霍尔兄弟俩的影响很大。哥哥后来成了一名画家和雕塑家，在纽约教授艺术。霍尔也从小就开始画画，画作被母亲都保留下来，至今存放在老家的房子里。说到绘画，霍尔会露出孩子般的骄傲，他笑言自己曾想着从建筑学院退学，去做一名画家。这种影响伴随了霍尔的整个设计生涯，即使在72岁时，霍尔仍然坚持每天早起画水彩稿。在他眼中，建筑应该且就是一种艺术，需要全身心投入。

　　30岁那年，斯蒂文·霍尔来到纽约，不久便成立了自己的建筑事务所。但在很长一段时间里，他都只能接到一些小型的私人委托，勉强维持生计。4年后他在哥伦比亚大学建筑学院任教。他一直告诉学生，不要过分看重项目的规模大小。霍尔的建筑中包含了场所因素、个人经验、建筑本身存在因素等密切联系。他的这种思想将建筑设计中的地点因素、地点的历史环境、规划条件、历史因素都考虑在内。他认为，建筑与音乐、绘画、雕塑、电影和文学不同，是与其所存在的特定场所中的经验交织在一起的。在我看来，霍尔是一位诗情画意的建筑设计师，在他的作品上总能体味到诗意，感受哲学与人文的力量。他的设计灵感大多来自一本书、一段曲，其早期作品渤·奥住宅以《白鲸记》为灵感，建筑坐落在一处俯瞰大西洋的小山上，内部的充气骨架结构被翻到外部，使人不由联想到小说中的鲸骨棚屋；2005年，他为比利时设计的一栋建筑则以超现实主义画家马格利特的壁画《一艘向美人鱼倾吐故事的帆船》为灵感。在他的空间当中，总能看到唯美的光影，让人惊叹：光竟能如此五彩美丽。地域性与历史性被新的表达巧妙演绎；知觉和感受被强调，被放大，人们知觉到的现象成为建筑的核心灵魂。斯蒂文·霍尔，一生致力于探索光影中的诗与远方。

二、不同阶段的建筑特点

第一阶段（充满灵性的小作品），彼时的霍尔只是一个青年建筑师，但是这个年轻人有着常人难以企及的韧劲。从 1977 年开始，霍尔就居住在一栋名为"冷水公寓"住房中，那时候霍尔选择了一种非常艰苦的生活方式，在一间非常小的公寓的房子里居住。睡的是胶合板搭成的床，没有热水只能跑去附近的基督教男青年活动中心去洗澡。这样的生活一直持续到 1988 年，长达 11 年之久。在这段时间里，霍尔的作品大多是闪现着各种灵气的小项目、实验性作品和装置。虽然其中不乏"赫尔辛基当代艺术博物馆"这类广受关注的项目，但是大部分时间他都没有"大"的项目委托，没有"重要"的甲方。这是他 39~56 岁的时光，正是设计师创作力最旺盛的时期，也是他积聚力量的时期，他的设计观点也是在这个时期发展成熟的：地段与项目之间的关系应当通过概念驱动整个创作过程，并将现象学相关的观点引入，他认为感知先于逻辑而存在的。鼓励切身体验建筑物的存在，穿过它、抚摸它、倾听它、用心感受它的魅力所在。

第二阶段（跟随时代发展趋势的大作品），是从 2003 年至今。2003 年是霍尔开始接受中国项目"当代 MOMA"和"南京四方美术馆"委托的年份。也正是从那开始，霍尔开始了"大尺度"，甚至是"超大尺度"项目的设计，加入到中国"大赶快上"的建设热潮之中。这就是那些年代的缩影，美国将进入经济低谷，而中国正快速发展。霍尔迎来了事业黄金期，他的事务所也急速扩容，从而也将自己的作品进行不断打磨上升新的高度。

三、对光的追求

斯蒂文·霍尔对于空间中光影的追求是受小时候故乡记忆的

影响。故乡的日光，冬天，太阳低垂，把万物的影子拉长，像是移植了斯堪的纳维亚地区特有的光影；夏天则完全不同。光线落在家门口的湖面上，波光摇曳，呼应着天空的瞬息变化，给美国西北角的这座海港城市带来了恰到好处的神秘。这是霍尔人生中最初的记忆之一。他在华盛顿州的布雷默长大，那里慷慨的阳光和海湾风景构成了他童年的底色。即使后来远离家乡，这份光与水的馈赠始终如影随形，成为他一生的灵感之源。

在他长大后的建筑学习生涯里，光的作用也再一次影响了他设计的每一个建筑。19岁时，霍尔前往罗马学习建筑，他当时的住所就在万神庙的旁边。饱满的日光在这座距今将近2000年的建筑里弥漫、跳跃，他说自己"就像陷入爱情一样"，被"每一天都不同的光"猛然击中。他在后来的著作里写道，光的反射、折射和各种透明度的交织，能够重新定义空间，"没有光，空间将被遗忘"。从美术馆、教堂、酒店到私人住宅，霍尔对光的热衷贯穿于他几乎所有的作品中，以轻巧而又让人愉悦的方式给空间带来了丰富的层次。

同时，斯蒂文·霍尔早年深受被誉为"建筑诗哲"的路易斯·康的启发，他也是勒·柯布西耶（Le Corbusier）的追随者。两位建筑大师不仅带着理想主义的一腔热血，同时也对光有着独特的研究与执着。康更是把光视为建筑的生命。他认为"一个建筑应被视为空间在光线下建立起来的和谐关系"。勒·柯布西耶在他的神圣建筑中体现出了对色彩和光线相互作用的非凡的敏锐性，他希望通过光线打开灵魂的诗意境界。

四、汉姆生中心

霍尔作为美国当代建筑师的代表人物之一，以利用强烈的环境敏感度融合空间与光、把握每一个项目的独特气质来创造概念驱动型设计的能力闻名。他尤为擅长将新项目与其所在环境进行无缝融合，关注环境中文化和历史的重要性。位于挪威的汉姆生中心就是其中一个代表作。

作为挪威20世纪最具创意的作家，克努特·汉姆生开创了一种全新的文学表达形式。这座为纪念汉姆生所设立的中心距作家长大的农场很近。中心包括展览区、一座图书馆和阅览室、一间咖啡厅以及一个供博物馆和社区使用的礼堂。

受到汉姆生探索人类心灵中种种错综复杂之处的影响，建筑在空间和灯光方面被设想为一种原初且激烈的精神实质；而建筑语汇的表达则成为汉姆生笔下生动的角色。因而在汉姆生作品桥段的启发之下，营造了一个"空提琴盒子"般的阳台，而观景阳台犹如那个"卷起衣袖打磨窗棂的女孩"。

建筑如同身体："无形力量的战场"。通过建筑内外的构建得以实现。刺入表皮的隐蔽纹理分割了建筑的外面，穿孔玻璃构成的建筑体龙骨成为中央电梯，经过计算的斜射日光可在一年中的固定日子里照射本地区，借此将内部粉刷成白色的平板型混凝土结构建筑点亮。

建筑被设计成一个塔楼，从不同角度和高度为游客提供了一系列观景点。使用黑色焦油涂装的木板作为外立面材质延续了挪威传统木教堂的防腐方法，屋顶花园的长竹竿围栏用一种图示化的语言再现了挪威传统的植草屋顶。

游客沿坡道向上，霍尔再一次施展了其擅长的光线魔法，灯光和自然光以一种奇异的方式制造出戏剧性，展览空间的暗和观景空间的亮相互交织对话，使得整个建筑成为一个令人兴奋的舞台。

五、霍尔对于建筑设计的影响及总结

在霍尔的设计中，场地是灵感的源泉。在概念上将现有场地作为切入点，运用地理位置相关联的比例和大小来创造设计就是一种对场地的尊重。建筑无论是在空间上还是材料选用上都与场地相呼应（个体量顺势跌落，内部错层处理等），这些手法使得建筑与场地关系亲密无间，从而创造出建筑与场地之间在诗意上的联系。

住宅每个连接都遵循自然地形，建筑与自然环境形成对话，创造丰富的空间体验。并且霍尔对材料的理解，对场所的认识，对光线的运用和对历史的尊重，以及他对人、对社会的思考，都生动地再现于作品中。他丰富的造型手段，在建筑作品中进行着其特有的比喻性叙述，将建筑的物质存在和人的精神世界联系起来。让人们去感知，去思考。

霍尔的建筑作品通常将对场地的第一感觉中产生的意念作为起点，再到概念、空间组织，一切围绕整个场地和概念展开。最后再利用光影去完善创造内部空间。

霍尔一直寻求在建筑的想象学设计上体现他的两个原则。第一是使用建筑物融入场所，形成一个整体，对于建筑师来说他们有责任来协调场所与建筑的统一；第二是竭尽全力把自己作品的意构层次与自身所感受到的触觉经验融合为一。

在我看来，他的艺术感设计强调平淡之中包含精巧的形式和内容，对空间质感和身体感知有一定的追求，优雅而奇异的形体更是他最有识别性的代表。他的作品里，没有太多商标的痕迹，也从不使用特定的语汇进行设计。

5 意识建构
ANA Consciousness Building

指南：

练习 1~4 以倒推的方式还原建筑师的设计过程和设计方法。练习 5 则是希望还原建筑师设计之初的意识和构思，建构案例之所以形成的本质关联，即现象学所指的先验还原。

输入：

结合练习 1~3 中还原的部分（再创作、再加工部分）进行整理和分析。

输出：

完成建筑案例的概念方案，形成图示、图表、符号等系列，揭示建筑师先验的意识建构过程。

步骤／分析：

结合练习 4 的理论和研究，将练习 2~3 中的本质还原结果进行再思考，形成具有逻辑性、整体性和系统性的意识建构推理，从而接近建筑师的先验意识或者与建筑师进行对话。方法＞可以有多种意识建构方法和解读，作业力求概念明晰、结构简洁、表达完整（须有 500 字以上的设计说明）。

评判标准：

图示、图表、符号简洁，逻辑清晰自洽。

参考阅读：

[1] 郑光复.建筑的革命[M].南京：东南大学出版社，2004.

[2] 李军.可视的艺术史：从教堂到博物馆[M].北京：北京大学出版社，2016.

设计注重强调空间的巧妙处理，强调平淡之中包含精巧的形式和内容。作品深入，有丰富的设计内涵。

反对新浪漫主义的作家之一，主张极端的自然主义，提倡心理文学。矛盾／复合的情感。

设计理念强调与周围环境和文化的关系，强调建筑与人的情感和感知之间的联系。

富有争议，充满戏剧性和对比感，民族象征和溃烂伤口的奇异混合体。

一个居住于小城镇的青年文人穷困潦倒，仅仅靠写文章挣稿费谋生。但投出去的稿子常常被无情地退回，而其他工作又难以找到，因此，他只能忍受着饥饿的折磨，最后不得不向现实低头，去一艘船上打杂度日。

《贫穷的渔夫》

汉姆生与妻子

"土地、身体和灵魂的耕耘者：一个在土地上没有喘息机会的工人。一个幽灵从过去中升起，指向未来；一个从早期耕种开始的人，一个荒野的定居者，九百岁，一个威达尔，一个时代的男人。"

《饥饿》

《拓荒记》：那个拓荒者，艾萨克，越过沼地、森林，终于走到一片平缓的山坡，临了小河，茂盛的烟草下面是黑肥的土壤。于是居住下来。他到森林里采来白桦树皮，压平，晒干，捆起，走好多路到有人的地方换来面粉、猪肉、饭锅、铁锨，然后是山羊。接着盖起了房子，在房子里开了窗户，安上玻璃。再接着，母羊下崽了，都是双胎，三只羊变成了七只羊。后来，女人慕名而来，带来了两只母羊、小子、一串漂亮的玻璃珠子、一个手摇纺车、一个精杆机、一头母牛……

建筑中心位于格莱玛（Glimma）河畔的牧师住宅遗址旁，位于湖边，四周群山环抱，典型挪威峡湾风貌，四周被美丽的自然风光和田园牧歌的小镇景色环绕，历史文化和自然要素在这里融会，时间流过，风景却似乎凝固，几乎与汉姆生时代激发了作家灵感的景色毫无二致。建筑分为一高一矮两部分，高的塔楼为展馆，矮的那部分为报告厅，整个房子外立面材料主要为黑色木材，被风化后更与周围景色相协调，体量和色彩也不突兀，掩映在群山树林之中。

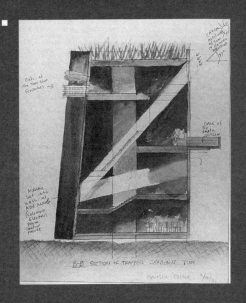

屋顶花园上种植的竹子同样暗示了挪威农场将草皮铺于房顶之上的传统做法。也与周围环境相呼应。

建筑的核心筒裸露在外，如同身体脊柱一样，将整栋建筑从上到下而贯穿，它作为残疾人和货物通道，提供了达到建筑各层的可能性。

玻璃栏板的观景阳台则被比喻为女孩在用黄色衣袖轻抚窗台。

楼板倾斜，墙体破碎，阳光从意想不到的角度洒下，并通过墙体反射使得光线充满整个大厅。

根据地形设计出建筑，让建筑更好地与地形及周边环境相应。

这座博物馆的黑色外形让人印象深刻，褪色木表皮不时被穿墙而出的楼梯和观景阳台打断，正如史蒂芬·霍尔在设计之初所提出的概念："建筑如同身体：与无形的压力抗争"，我们仿佛能感受到这脆弱且克制的身体再也隐藏不住内在的冲动混乱，不断反抗，渴望从束缚中挣脱。

阳台从建筑一个拐角探出，"握住"人的身体，引导人观看270°的景观，视线平移，远方是积雪覆盖的史诗般的山脉，眼前涌动的是100年前被汉姆生描绘为"幽灵"的潮汐。此时，体验不再限于视觉，而是穿越了整个身体。

《饥饿》："一个女佣倚靠着探出窗外，她挽起了袖子，从外面擦着窗格玻璃"，建筑四层无框玻璃阳台的设计，依据《饥饿》中"挽起衣袖的女孩打磨窗棂"的片段，它刻意提供了物理上不确定和不安全的时刻。

相对于内部的困惑挣扎，外部提供了呼吸的平台，图中，建筑向人们展现了身体的内部力量经不断积聚爆破而出的巨大张力。

顶层表现汉姆生的童年：1859年出生于世代务农的穷苦人家中，虽家境贫寒但童年起便爱好文学，过得快乐且自在。

往下表现他写作几部小说的时期：这段时期他极其贫困，饱尝了人间冷暖，流浪生活练就了他坚毅的性格，也磨砺了他手中的笔。但文学就像一道光照亮了他的生活，不断积累后开始了小说《饥饿》的写作。《饥饿》被认为是汉姆生的自传体小说，它的发表使汉姆生一举成名。1920年，汉姆生获得了诺贝尔文学奖，人生由此更加光明。

再下来到最黑暗的角落：是汉姆生与希特勒有联系的年代。毁灭之路：至死不悔支持希特勒，汉姆生被挪威最高法院判为叛国罪，因其87岁高龄而逃过枪决。他还被侮辱性地诊断为患有"长期脑功能损伤"，被送进养老院软禁起来。其晚年凄凉，死时衣衫褴褛没钱安葬。

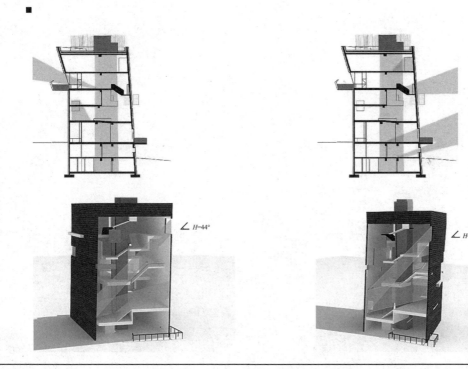

作品分析总结：

　　该组作品分析具有一定的典型性。即，不同性格特征的学生对建筑图片的理解可能截然不同。这一问题既为建筑作品分析带来挑战，又是现象学分析的必然结果，也是建筑教育应有之义。对建筑的理解应该是个人的。在现象描述中，该组学生以散文的形式描述了建筑作品由远及近的个人感受，仿佛是与建筑亲切对话。在转译部分，分别由两组学生完成，有的略显忧伤，有的则欢快活泼。所以，我想对建筑作品的理解应是多元的、动态的和非唯一答案的。在意识建构部分，学生们安排了一场建筑师斯蒂文·霍尔与汉姆生的对话，个人认为，以对话的形式来分析更能接近建筑师的设计意识和对作家汉姆生的理解，并通过对二者的现象学阐释来呈现出一种潜在的设计意图。

海德马克博物馆
Heidemaker Museum

斯维勒·费恩
sverre fehni

05

学生：

何海风　巢婉静　吴昕蓝　张蕴琦

1 现象描述
∧∧∧ Description of The Phenomenon

指南:

　　从建筑大师的经典建筑中挑选案例作为研究对象。案例资料要全面翔实,包括但不限于高清建筑室内外及细部实景照片、高清视频、完整清晰的技术图纸,若有该案例大师设计的草图更好。在此练习中,通过对实景图片及视频的初步浏览,从中挑选或截取能全面反映该建筑案例外部、内部和细部特征的图片或截图,并对其进行现象学描述。

输入:

　　选择能全面反映该建筑室内外及细部的高清图片≥8张(必须标注图片来源)。

输出:

　　对每张图片(或系列图片)进行现象学直观描述,回避前人或网络上的评论与分析,悬置概念,对图片或视频本身进行直观、全面而深入描述(字数和形式不限,可以是段落式整体描述,亦可单句逐一描述)。

步骤/分析:

　　分别选取建筑室内外及细部各≥1张图片或一组系列图片进行描述,文字不少于500字。解释〉可以从整体环境、氛围、空间关系等出发,亦可直接陈述对图片内容的疑惑等直观感受,以及对场景或某物的个人记忆。描述需分层次,应调动除视觉外的其他感官。注意观察图片内容中各事物间关系,描述和陈述以句子为单元。感知〉你的描述将为下一练习打下基础。通过对图片的现象描述,练习将充分调动你潜藏的空间知觉和对事物的感知,具身体验经典建筑空间的特质。

评判标准:

　　文字表达清晰,个人感知丰富,观察细致入微,建筑描述完整,图片或截图精度≥300dpi。

博物馆 U 形内庭院,斯维勒·费恩,1971—2005 年

　　沿着曲折的廊道,混凝土质朴的材质、粗糙的表面与开阔的空间对望,阳光洒在灰色的建筑表面,光芒即刻被削减。

　　这条悠长的廊道仿佛在诉说从历史走向自然的故事。

　　表现的是废墟或者被遗弃的骨骼一样的氛围,也展现着一种强大的自然之力。

　　最前面的桥以环形向左侧延伸。弯曲的桥梁之下是许多鹅卵石组合而成的灰白色铺地。墙体占满了整个画面,墙面内嵌有门洞与窗洞以及一条人字形的迂回的依附着墙面的廊道。

　　屋顶附着在墙壁上,上下两边有黑色的瓦片衔接,中间为红色的瓦片。

　　第一眼看,其拼贴感很强,有种不实之感;场地记忆感也很强。新的玻璃罩着旧的材料有种迷人的反差感。

映入眼帘的首先是左侧一条坡道的底部，材质为素混凝土，颜色为深灰色，坡道接近地面时，有一块长方体状的混凝土支撑着。

接着是巨大的坡屋顶，其由独立的木构架支撑，细数后会发现，有八根柱子，屋顶的左侧开了几个天窗，让光投入，充盈着整个空间，与屋顶木结构的棕色显得格外相称。屋顶仿佛与墙面没有任何结构上的联系，建筑的左侧墙体与右侧及中间的墙体形成了鲜明的对比，左侧的墙体充满年代感，由无数块石头堆砌而成，颜色为深灰色；右侧及中间的墙似乎是由混凝土（细看又有点像砖）一层层堆积而成，颜色为浅灰，墙上有两个长方形片状的玻璃片，展示着一些工艺品。

中间有三个黑色的钢结构，支撑着顶部的木结构以及一些铁罐子，它们对着正前方的入口，另一个空间似乎充满着黑暗。

粗糙的混凝土与光滑的平板白坡以及原色的胶合木材与遗址沧桑的砖墙一起，形成了原始与现代，笨拙与精巧，敦实与通透，粗糙与光滑的对比，并在空间内产生了强烈碰撞，激发了空间的张力。

温暖的层压木屋顶坐落在雕塑混凝土元素和历史悠久的墙壁之上

非常狭长的一条过道延伸至尽头，左右两侧高耸的墙体紧紧地邻近着过道，只有天花板顶部有几缕微薄的光线从木缝中溢出来，整体非常昏暗，若想向前行走，可能只能单人通行。

地面保留了自然的石块。

砖，可是建筑师纸笺的字符？除过裸露的废墟，我看不见罗马的砖。走进故事内里和建造完成的过程一样美。当最后一层铺就，把它结构化的真实掩在浮华的面层之下，正剧粉墨登场。

为整个灰暗的空间带来三束光。

沿廊道一直走，会到拥有天窗的空间里去，就好像一片黑暗的境地前面的一束光一样。

木结构，主要是胶合木，被用来重建谷仓的屋顶

展览的中心摆放有大型脱粒机和烈酒装置，屋顶、混凝土和废墟的建筑元素被精心地安排在一起，创造出戏剧性的空间，每个空间都可以被单独欣赏

　　长廊的左侧，排布着两片大小、形式完全一致的装置，方向斜向上，支撑在混凝土廊道墙体以及左侧的橙色木板墙体之上。在长廊之下，与长廊之上相比，光线稍显暗淡，左侧是长长的直通二层的混凝土门洞，将明亮的一缕光线引入室内，照亮了大门前方的展台和上面的展品，以及最邻近门口的由同一体块圆柱形堆叠直上的柱石。同时，鲜亮的橙色灯光自上而下地照射在展品之上，与廊道之上的橙色木板相互呼应。一扇矮墙将视线遮挡了一半。往另一面墙前延伸，前方是黝黑静谧且十分深邃的长廊，没有一丝光线。

每个房间都有在复杂的玻璃橱窗中的文物，它们在视线水平或窗户开口的光线下呈现

映入眼帘的是拱形的砖墙，颜色有砖红色、灰色、黑色，砖墙的表皮有的已经掉落，裸露出里面的灰色墙面。

有一扇拱形的窗户在中间，中间有十字架，材质感觉是钢铁，有些斑驳，颜色为灰色、暗黑色。

地面有些石头，石头表面不平整，有的凸起，有的凹下，石头的表面有很多凹凸不规则的小孔，有划痕在石头表面处，材质是普通的石块，颜色为深灰色。

最前方有一个架子，架子一边是长方形的，紧贴着墙面，中间有一条竖线，有两颗钉子卡住，紧紧地钉在墙面，竖向的方块连接横向的一个类似于阶梯的方块，起到托载的作用，颜色为深黑色，材质是铁，上面刷了层釉。

架子上方有一个透明瓶子，瓶子长的壶口连接肥大的身躯，是一个酒瓶，酒瓶材质为玻璃，瓶口的脖子部位还有两圈铁丝围绕着。瓶口上方连接着一个十字架，十字架连接左边与上面的墙体，横竖条为圆形条，十字架中间由一个黑色方块连接着。

静谧且十分深邃的长廊，没有一丝光线。

窗外看到了远处的房子，从近往远看，首先可以看到一个灰色的斜坡混凝土地面，地的表面凹凸不平，有凸起的石头。

接着可以看到一些斜的桥的扶手，扶手为长方形，颜色变化多，有深灰色、白色，扶手上方1/3处为深灰色，下方2/3处为灰白色，两颜色衔接处为波浪形；远处可以看到一个房子，是由一面墙、一块铁皮、一个斜屋顶组成，屋顶上方还开了个三角形的小天窗。

从上往下看，首先能看到斜屋顶，是由一片片砖块叠加而成，颜色为深灰色，材质不明；墙体的上方围上了一层铁皮，条纹是竖向的，颜色为砖红色。墙体的剩余部分都是砖墙，但墙体与铁皮衔接处，颜色较深，其余部分都被粉刷成白色，可以看到还用砖墙封住了墙的两个窗户。

2 现象转译
ANA Translation of Phenomena

指南：

该练习建立在练习 1 的基础上，目的在于将练习 1 中的感性、主观和直观的文字描述转化为其他符号形式，建立一种与读者或建筑师交流沟通的平台或情境。

输入：

选取练习 1 中你所感兴趣的图片（或系列图片）≥ 3 张，并分别对其转译（应包含建筑内、外及细部三部分内容）。

输出：

用图示、拼贴、手绘、置换或隐喻等形式进行现象转译。

步骤 / 分析：

运用图示、拼贴、手绘、置换或隐喻等形式表达，将案例作品现象的文字描述转化为非语言形式，进而对图片中的现象进行更宽泛的理解和讨论，建立属于你独有的空间语言系统。解释＞图示、拼贴和手绘表达为较常规的设计语言。置换或隐喻的意思是，用其他感知形式置换视觉图像，或采用诗词歌赋、格言、小说片段，或采用电影、戏剧场景甚至音乐符号等形式将复杂的个体空间感知转译为有意味的空间描述。

评判标准：

能充分呈现个体感知，运用多种形式表达，表达清晰准确且精致。

参考阅读：

[1] 彼得·卒姆托.思考建筑 [M].张宇，译.北京：中国建筑工业出版社，2010.

[2] 尤哈尼·帕拉斯玛.肌肤之目：建筑与感官（原著第三版）[M].刘星，任丛丛，译.北京：中国建筑工业出版社，2016.

[3] 尤哈尼·帕拉斯玛.思考之手：建筑中的存在与具身智慧 [M].任丛丛，刘星，译.北京：中国建筑工业出版社，2021.

■

展厅中的马车展品像是被有意地排列在一起，组成一个大街上川流不息的场景。

这让我联想到了杜尚的作品《下楼梯的裸女》，以及杜尚本人下楼梯的延迟摄影。

杜尚的作品意在表现一种时间的连续性。

旁边是我试图以马车为题材、时间连续性为概念制作的拼贴图像。

■

我在奔跑的途中，突然有光在侧面照射在脸上，我回头望去，想看看光从何而来。

■

我看到有一些细碎的光线，洋洋洒洒地洒在身上，窗户里漫入的光很柔和，我放眼望去，突如其来的光让我的眼睛很不适，依稀能看到些窗外的草和树，这让我平静了许多。

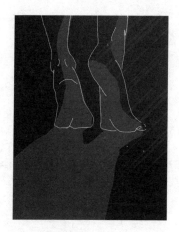

■

我逐渐放慢了脚步，尝试缓慢地走动着，突然发现，因为刚刚的恐惧，我似乎从来没有认真看过这里的一切，我开始小心翼翼地观察着……

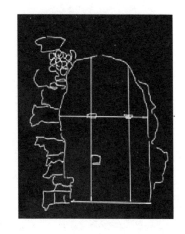

■
我看到了高窗，发现它并没有窗框，又或者说它并没有一个规整的形状，它似乎是被锤子直接砸在上面敲出来的"窗户"，光从这个窗户偷偷地跑出来了。

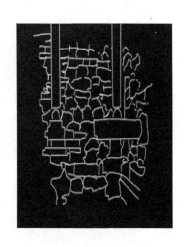

■
我放眼隧道下望去，地下是一堆碎石头，大小不一，它们和碎石墙紧紧地依靠着，紧紧地抱着……

■
我抬头看了看，原来这室内除了冰冷的石头，还有木头，木头和大理石相互卡着，似乎在相互制衡……

■

我进入了这座建筑，此刻的我思维十
分混乱，身处这个灰暗的空间里，让
我不寒而栗。

■

我看见了一个狭而深长的隧道，隧道
很狭窄，似乎很不想我过多地停留，
好似我站在无尽的隧道口，凝望着深
渊。隧道的尽头处强烈的光线，似乎
在指引我，似乎是深渊处的一道曙光。

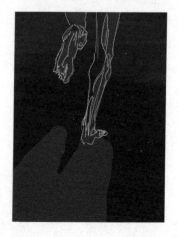

■

我快速地跑着，此刻的我只想赶紧离
开这个地方，这个令我感觉到恐惧的
地方。我的眼里似乎只有光的那边，
整个空间里回荡着我急匆的脚步声，
周围的一切的环境都将被我置之脑后。

我在不知不觉中走出了隧道，走到了我开始很向往的地方，阳光瞬间包裹着我，热烈而又温暖，我聆听到四周隐约的风声，这里弥漫着一股木头的气味，我仰头望着刺眼的阳光，长吸了一口气。或许，我总在匆忙的路途中，忘却了沿途的风景似乎会更令人着迷。

3 理性直观
ΛΝΛ Rational Intuition

指南：

整理出的案例资料（以技术性平立剖面图为主，兼顾大师概念手稿），并重新制作平立剖图（手绘或电脑），目的在于对案例有更专业的认识（注意回避分析性图纸资料）。在绘制过程中结合练习1进行思考，结合练习2提出问题，并做初步的专业性解答。以上内容均建立在悬置概念基础上，即不对已有案例分析做评价和参考，目的在于得出个人对案例的直观理解和感知。

输入：

练习1、练习2中的感知和思考。

输出：

结合练习2的成果，绘制案例相关技术图、制作电脑和实体模型（比例1：100~200），并提出不少于5个问题。

步骤 / 分析：

绘制案例相关技术图及制作电脑和实体模型，结合练习2的设计成果对技术图和模型等做二次加工用来提出问题或做出解答。方法＞此步骤为开放性设计，同练习2类似，需创造性地将个人感知结合到已完成的设计"事实"中，试图理解建筑师的可能思考路径和设计过程，向"大师"提出问题并与其展开"对话"。

评判标准：

不低于参考技术图纸要求，模型制作材料统一，二次设计形式多样。

参考阅读：

[1] 沈克宁.建筑现象学[M].北京：中国建筑工业出版社，2008.

[2] 彼得·卒姆托.建筑氛围[M].张宇，译.北京：中国建筑工业出版社，2010.

[3] 斯蒂芬·霍尔.锚[M].符济湘，译，天津：天津大学出版社，2010.

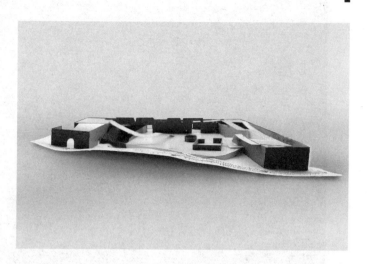

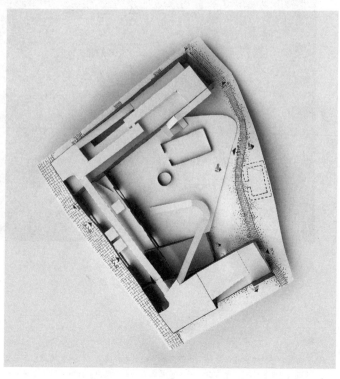

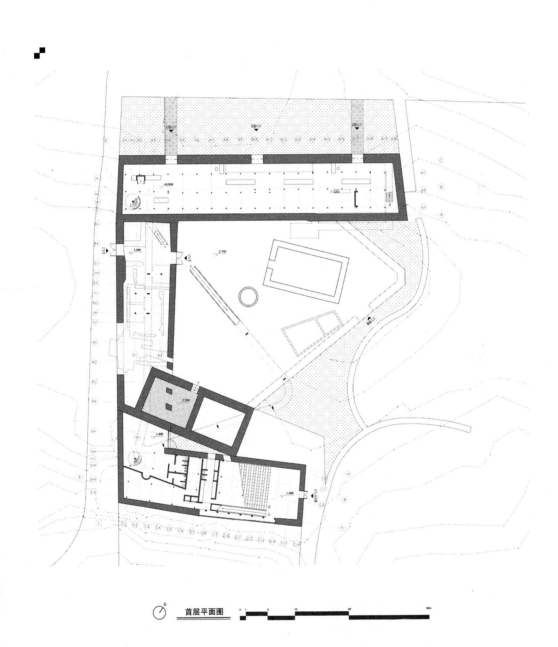

首层平面图

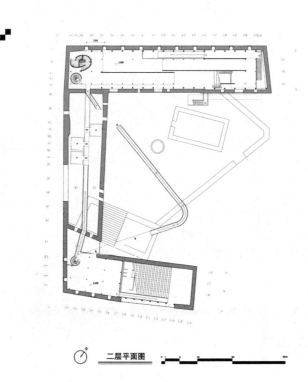

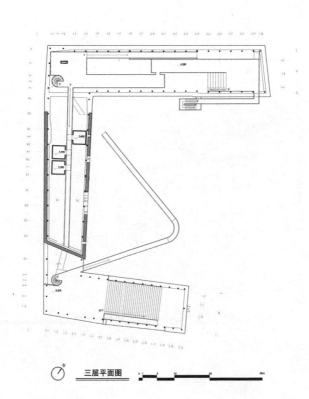

二层平面图

三层平面图

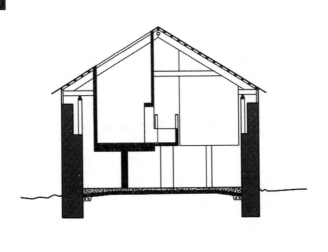

剖面图 1-1

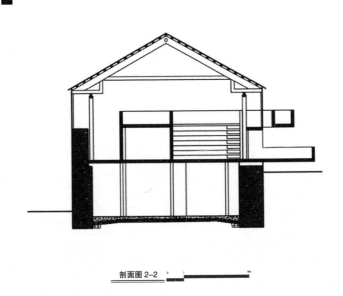

剖面图 2-2

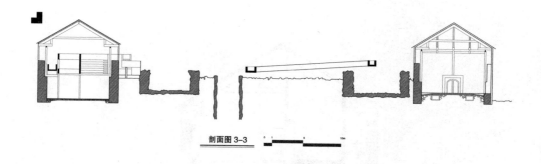

剖面图 3-3

0 1   5   10m

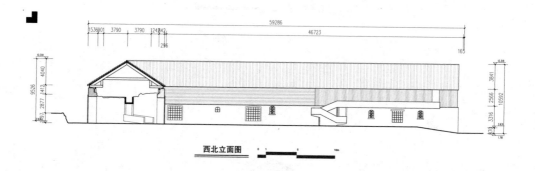

西北立面图

0 1   5   10m

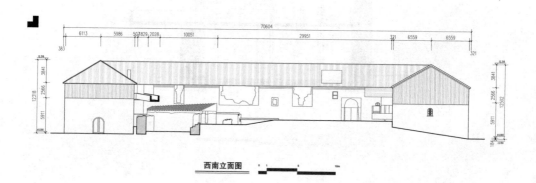

西南立面图

0 1   5   10m

海德马克博物馆鸟瞰

进入场地前的游览次序
疑惑：为什么建筑入口设置在偏僻的西侧？

思考：建筑本身体量由凌乱的体块叠加而成。西南转角处刚好有一个插入主体的老房子，阻断了人们从东面进入的路线。
　　　场地有高差，环绕一圈从西面进入刚好上升到二层标高的高度。
　　　经过场地流线设计后，人们先看到整齐的主体建筑立面，再经过小山丘，望见上面的主教堂遗址，最后到达山脚
　　　下的建筑入口。

海德马克博物馆外景

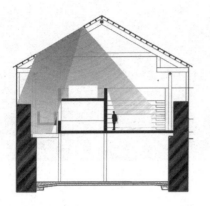

建筑采光分析 1

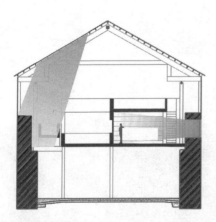

建筑采光分析 2

室内展厅的结构与光

疑惑：为什么左侧有天窗而右侧没有？结构是否对空间塑造有很大的影响？

思考：经过绘制剖面图分析得知，主要展厅的屋顶西北侧有一排天窗，而东南侧完全没有。

揣摩后我们推断出费恩的意图是为不同的展览类型提供不一样的自然光照，比如说西北侧展览的是马车或者劳动工具，正好开天窗的做法模拟了一种户外的直射光环境；而东南侧的展厅主要展示中世纪工艺品，则要使用漫射光而避免直射光的进入。

桁架结构在水平方向将空间划分成了三段，这在一定程度上对应了两侧的交通空间和中间的主要展陈及活动空间。

中间的水平杆件是连续的，再结合屋顶部分透光的处理，也暗示了混凝土墙另一侧的展览空间。

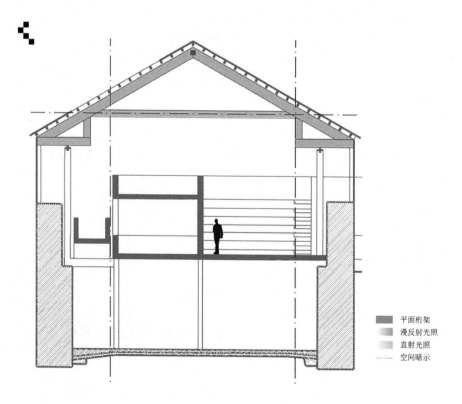

■ 平面桁架
■ 漫反射光照
■ 直射光照
---- 空间暗示

4 理性分析
ANA Rational Analysis

指南：

　　在前期 3 个练习中，强调个人对案例的直接感知和体验，摒弃已有的分析和评价。而在练习 4 的学习过程中，可以带着前期积累或隐藏的疑问，通过查找相关历史文献资料，辩证地吸收前人观点和分析。这一过程有利于建立独立的分析和判断。

输入：

　　时代背景、学术理论、历史沿革、个人经历。

输出：

　　对输入的内容进行整理和综述（需标注参考书目或论文等文献）。

步骤 / 分析：

　　将建筑师的成长和设计实践置入历史情境中。首先，对所处的时代和环境做出分析。其次，结合个人经历以及时代思潮，思考其如何影响设计实践。最后，分析案例对现当代建筑设计的影响（不少于 1500 字）。

评判标准：

　　综述全面、逻辑清晰。

参考阅读：

[1] 罗伯特·索科拉夫斯基.现象学导论[M].高秉江，张建华，译.武汉：武汉大学出版社，2009.

[2] 张祥龙.朝向事情本身：现象学导论七讲[M].北京：团结出版社，2003.

[3] 莫里斯·梅洛－庞蒂.知觉现象学[M].姜志辉，译.北京：商务印书馆，2001.

一、个人经历

　　费恩 1924 年出生于挪威的康斯别格，当时正值两次世界大战之间。他"二战"后才接受建筑学教育，1949 年在奥斯陆建筑学校取得建筑学位，这时正是建筑活动高涨、建筑思潮活跃的时期。1952 年，他的老师阿尔内·克尔斯莫带领他和约翰·伍重等七位年轻建筑师联合组建了奥斯陆进步建筑师小组（PAGON），将其作为国际现代建筑协会（CIAM）在挪威的分支机构，致力于推广现代主义建筑。1952—1953 年，费恩曾前往摩洛哥游历，见识了那些自然纯朴的建筑，第二年他又到巴黎与法国建筑师让·普鲁威共事，接触学习了柯布西耶的现代建筑作品。1955 年费恩和同事盖尔·格龙在奥斯陆设计了现代主义的厄肯养老院。费恩于 1958 年设计的挪威展馆在布鲁塞尔世界博览会上获得国际认可，随后在 20 世纪 60 年代建造的海德马克博物馆，标志着他从纯粹的现代主义脱离出来，开始拥有自己的风格。在 90 年代，费恩还设计了一系列挪威的博物馆，包括 1991 年的挪威冰川博物馆、1996 年的奥克茹斯特中心等作品。1997 年费恩先后获得普利兹克奖和海因里希·特森诺金奖。

二、学术理论

　　费恩早年在法国工作中接触了现代主义建筑，这让他的注意力集中到了建筑的结构上，所以他的很多建筑都是从结构体系出发的。

　　1958 年，在布鲁塞尔世界博览会设计的挪威馆，展示了他建筑理念中一个最基本的典型特征——建筑元素通过结构和材料显示出来的表现力。此外，他所做的项目都与地形景观秩序相适应。他说"任何的建筑活动都是向自然的入侵"，因此他努力表现建筑物与自然环境的美。他同时是个多才多艺的设计师，作品包括家具、展览、物品和建筑，这些作品都充分展现了他对材料的把控力。

三、历史沿革

19 世纪末，北欧出现了各个新兴的民族国家。这个时期的北欧建筑师们开始探索本土化的建筑风格以抵制古典主义风格，他们第一次有意识地在本国传统建筑中挖掘创作灵感。这场探索处于欧洲工艺美术运动和新艺术运动的影响之下，很多建筑师也积极关注了自然环境、乡土材料和传统手工艺。

20 世纪 20 年代，简朴、理性的新古典主义取代了富于想象的民族浪漫主义。原因是"一战"后社会资源极度匮乏，再无力支撑富有想象力的民族浪漫主义风格，也无力满足旧古典主义的奢侈追求。新古典主义的设计目标是用更多样化的新方法取代越来越僵化的旧古典主义，并试图简化外观造型。这个时期专业的建筑知识在挪威广泛传播。

现代主义初期的挪威建筑师希望创造一种既解决实际问题又能满足挪威地域性的挪威现代建筑。"二战"后，挪威作为参战国千疮百孔。社会恢复了追求节俭的风气，但是挪威年轻建筑师不甘止于功能主义，他们更愿意建造"挪威风格"建筑。这时候挪威的许多年轻建筑师赴美国学习建筑设计及技术，见识了密斯的"追求技术精美"的建筑和赖特的有机建筑。邻国芬兰阿尔托也对挪威产生了重要影响。

四、时代背景

　　费恩设计海德马克博物馆时是 1967 年，正是经济飞跃和紧急危机即将降临的时候。20 世纪 60~70 年代，欧洲经济飞速增长，是现代主义建筑的转折期。人们开始追求个性和多样的建筑风格。但是在挪威，独特的社会发展模式让后现代主义在这里无法生长。在 20 世纪 70 年代的经济危机之后，挪威的建筑师们对自身的发展前景进行重新考虑，他们开始从建筑与自然的关系出发，创作更具个性化、与地方环境相契合的作品。

　　"10 次小组"（Team 10）在 CIAM 第十次大会上对现代主义城市设计的公开批判与决裂，也标志着现代主义进入了一个转折点，建筑师们已经对纯粹现代主义不那么执着，而更多转向对人的关怀。这时候芬兰的阿尔托开始了他人情化建筑的倾向，在建筑设计上面也一定程度影响了挪威建筑。

　　这个时候现代主义大生产之后产生的自然环境问题也同样是一个话题，而挪威是一个自然环境优美、木材资源充裕的国家。在设计这个建筑时，除了钢筋混凝土这种现代材料，费恩也使用了很多乡土材料，比如木头、石头。

五、小结

　　挪威作为一个新兴的民族国家，在 19 世纪末开始就不断地探索本国的地域建筑风格，到费恩设计海德马克博物馆已经过去了一个世纪。在一个世纪的探索中，挪威建筑经历了浪漫主义、新古典主义、现代主义的洗礼，但是挪威的建筑师们始终不忘挖掘本土地域风格，把挪威本土的自然环境、材料和传统建筑风格运用到现代建筑的创作中。而在费恩设计海德马克博物馆的时候，世界正处在后现代主义的浪潮中，各种眼花缭乱的建筑形式相继出现。这时候，费恩的建筑意识中既吸收了早年游历过的摩洛哥乡土建筑的淳朴，又有密斯式的国际主义技术理性精神，还有来自解构主义、后现代主义等思潮的影响。从作品来看，海德马克博物馆中几个结构体系的呈现可能受到了之前现代主义建筑的影响，用网格划分空间，用框架结构定义空间。而展览中几处抽象的小装置和小构件，又显然是受了解构主义的影响。

总的来说，费恩的建筑生涯经历了半个多世纪，受到多种思潮的影响。对于后世的建筑设计，海德马克博物馆具有很多参考价值，例如在材料运用上，既使用了原有建筑材料又不排斥新材料的使用，让建筑在新旧材料的对比中产生意味。再例如，在游览路线上，费恩富有创造性地用廊桥串联起了原本单调的遗迹，让整个观赏的过程充满了变化。

5 意识建构
ANA Consciousness Building

指南：

练习 1~4 以倒推的方式还原建筑师的设计过程和设计方法。练习 5 则是希望还原建筑师设计之初的意识和构思，建构案例之所以形成的本质关联，即现象学所指的先验还原。

输入：

结合练习 1~3 中还原的部分（再创作、再加工部分）进行整理和分析。

输出：

完成建筑案例的概念方案，形成图示、图表、符号等系列，揭示建筑师先验的意识建构过程。

步骤 / 分析：

结合练习 4 的理论和研究，将练习 2~3 中的本质还原结果进行再思考，形成具有逻辑性、整体性和系统性的意识建构推理，从而接近建筑师的先验意识或者与建筑师进行对话。
方法 > 可以有多种意识建构方法和解读，作业力求概念明晰、结构简洁、表达完整（须有 500 字以上的设计说明）。

评判标准：

图示、图表、符号简洁，逻辑清晰自洽。

参考阅读：

[1] 郑光复. 建筑的革命 [M]. 南京：东南大学出版社，2004.

[2] 李军. 可视的艺术史：从教堂到博物馆 [M]. 北京：北京大学出版社，2016.

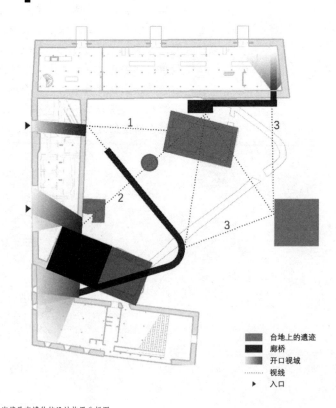

▰	台地上的遗迹
▰	廊桥
▰	开口视域
⋯⋯	视线
▶	入口

海德马克博物馆设计构思分析图

■

院落中的视线连接关系

疑惑：场地内为什么设置非必要的交通廊道或者楼梯？廊道形式的来源是什么？排布关系是什么？

思考：场地由建筑三面围合，内有高低悬殊的两级地面，分别对应建筑本体一、二层。廊道形式来源于场地高台轮廓，呈 v 字形。

经过分析后发现，建筑师安排在廊道上的各个点位、场地现存的遗迹（如枯井、墙基）以及场地入口门洞之间呈现出视线连接关系；而廊道在高度变化中也在导致视线的俯仰变化。综上，在行走过程中人以不同的视角观看了遗迹。

另外，入口口口的设置也很有趣味，比如视线 2 经过的一个门洞，建筑师将它设置在遗迹的夹缝之间，尺寸较小，而它对应的建筑西南立面门洞是巨大的，经过这一反差处理，进入场地的过程颇有柳暗花明、豁然开朗之感。

比如，站在 v 形廊道转折处，可以与对面的外挂楼梯对视，其间视线穿过了墙基。又比如，从西入口进入之后，视线经过廊桥底部、枯井、墙基后与外挂楼梯处对望。

视线 1   视线 2   视线 3

作品分析总结：

　　本组分析的作品是由历史建筑改造而成的现代博物馆，因此在图片中会有较多的艺术展品，学生在描述时就不可避免地将图片中的建筑和展品进行全面描述。然而让人惊喜的是，学生们可以从展品装置、展品布局的现象描述中获得诸多启示，让读者进一步了解斯维勒·费恩的设计理念，而非空洞的作品介绍和评论。如在现象转译部分，学生将展厅中的马车展场景转译为杜尚的《下楼梯的裸女》以说明展品空间的时间性。此外，通过绘画方式，模拟出观众由建筑外部逐渐走进内部的一系列情绪变化，这也许不失为建筑设计训练的一种方法。理性直观部分，学生在临摹建筑图纸的过程中不断就现象描述里遇到的不解再次提问，也作出了相应的思考。我想，正是经历了直观、细微的现象学描述，丰富、多元地转译和理性、全面地临摹图纸之后，学生们才能对建筑大师作品从初识到熟识，从描述到分析，最后形成自己独特的设计意识建构。

巴拉甘自宅
Casa Luis Barragan

路易斯・巴拉甘
Luis Barragan

06

学生：

方晓娴　林婷薇　陈瑞潮　向　阳

1 现象描述
ANA Description of The Phenomenon

指南：

    从建筑大师的经典建筑中挑选案例作为研究对象。案例资料要全面翔实，包括但不限于高清建筑室内外及细部实景照片、高清视频、完整清晰的技术图纸，若有该案例大师设计的草图更好。在此练习中，通过对实景图片及视频的初步浏览，从中挑选或截取能全面反映该建筑案例外部、内部和细部特征的图片或截图，并对其进行现象学描述。

输入：

    选择能全面反映该建筑室内外及细部的高清图片≥8张（必须标注图片来源）。

输出：

    对每张图片（或系列图片）进行现象学直观描述，回避前人或网络上的评论与分析，悬置概念，对图片或视频本身进行直观、全面而深入描述（字数和形式不限，可以是段落式整体描述，亦可单句逐一描述）。

步骤 / 分析：

    分别选取建筑室内外及细部各≥1张图片或一组系列图片进行描述，文字不少于500字。解释＞可以从整体环境、氛围、空间关系等出发，亦可直接陈述对图片内容的疑惑等直观感受，以及对场景或某物的个人记忆。描述需分层次，应调动除视觉外的其他感官。注意观察图片内容中各事物间关系，描述和陈述以句子为单元。感知＞你的描述将为下一练习打下基础。通过对图片的现象描述，练习将充分调动你潜藏的空间知觉和对事物的感知，具身体验经典建筑空间的特质。

评判标准：

    文字表达清晰，个人感知丰富，观察细致入微，建筑描述完整，图片或截图精度≥300dpi。

巴拉甘自宅与工作室，路易斯·巴拉甘，1948年

    巴拉甘自宅位于一条街巷中的12号，与14号巴拉甘工作室相邻。

    巴拉甘自宅临街外立面使用的是普通的灰色混凝土，错落着开了几扇大小不同的方窗。

    其中最显眼的凸窗是书房的方格窗，由多个方形玻璃嵌成。

    向上则能看到被涂成橙色与明黄色的屋顶墙面。

巴拉甘工作室，门牌14号   巴拉甘工作室凸窗

四通八达的过厅及楼梯

在画面的左方，向上延至画面前方的楼梯呈灰黑色，与其他颜色共同显得粗糙自然，表面有凹凸磕碰和空气挤压出的小气孔，裸露出真实的材质，没有增设扶手。白色墙面呈现粗糙的质感，没有过多修饰。

楼梯向上走的二层，画面居中向上的位置悬挂着一幅金黄色、金属材质的装饰画，由金属反光反射出装饰画左边淡黄色小门的一角，和两面白墙形成90°夹角。

天光从顶部打下来，光影的强弱影响着房间的亮度，而光束打在了一楼的木桌木椅上，桌板没有桌腿。在洋红色背景墙下，植物显得格外有生气，桌上摆放着微黄色的长筒灯和座机电话，以及一个姜黄色、微透的烟灰缸，桌下放着竹编的篮子，还有灯延伸下来的缠绕电线。桌下的地面与楼梯的材质相同，铺设着一块土黄色的地毯。

过厅四通八达，画面左侧有另一扇双开的门，呈淡黄色，右边开着一扇门，屋内昏暗，有一扇方形的窗，透着黄昏的光。

画面正前方为四边无框的大落地窗，中间的十字窗框将玻璃分成四块，象征着十字架，在玻璃下半部分安装着白色的窗帘，高大的落地窗前放置着一张桌子，右边白坯墙上挂着艾伯斯简练的方形绘画作品。通透的玻璃落地窗，在视觉上将室内与室外的空间相互联系在一起，地板上黄色的木条纹也增添了画面的延展性。

窗外的树成排地站着，右边的一棵树明显弯腰，但每棵树的叶子都长得十分茂盛，从落地窗看出去犹如风景画。

桌边旁为一个书架，形状似台灯，书架两层，摆放着书籍画册。地面为木地板，灰色地毯。画面前矮桌上的鲜花肆意绽放，画面中的绿色部分皆为自然植物，屋内光影随植物的季节变化而改变。

起居室，正方形落地大窗，窗外是巴拉甘精心设计的后花园

夹层，开敞的窗

画面的屋顶采用木制梁架，将两个不同空间连接起来，在左边有一面白坯墙，墙体没有连接至屋顶，使得两个空间的阳光相互融合，即使左上方的另一个空间的窗帘关上，也能有余光照入，创造了一个平和的空间尺度。右上方为一扇四块平开板组成，直接影响着室内的光线和光照程度，外窗是白色小方格框架。窗板后是一个单人沙发，沙发旁的桌子上放着唱片机。左边有一张桌子，铺着一张洋红色的桌布，桌子的照明是一盏工作灯，泛着暖色的光，色调昏暗。右边有只高一点的柜子，上面铺着较为粗糙的桌布，有个圆扁形的石盘，显得沉重，还有在光照下显得瞩目的骏马，展示出奔跑的姿态。

客房，位于楼梯东侧，墙上挂圣母与圣子画像

画面中有一个窗户，这个窗户具有四扇板，上面两个小，下面两个大，当窗户关闭时整个画面形成十字形，通过窗外白天光线的照射，呈现出形状投射在空间内部。

画面的左边整个墙面，呈现上面两个小长方形、下面两个大的长方形（柜子），形成了画面中间的十字架区域。在十字架的左下方有一个门，白色的墙面中跟白色门形成了一个整体。

画面的右边一幅画，圣母抱着圣子，他们的视线同时看向了图画的下方的床，整个床是木质的，和桌子是一样的材质，然后再看被褥、枕头，以及餐巾布，它们都是一样素的布料，长方形灯具也是相当的朴素、简约。

从此角度观看画面的时候，三面墙的材料都是白色混凝土。将视线移到正中间书房的位置，会看到一块隔板，高约1.8~2.0m，三层折叠，将这块区域划分成两半。

地板上由三块毛毯共同铺就，一个长条状的粉色毛毯和一个大面积黄色的地毯平铺在最底下，还有在座位区下面的毛绒地毯。从这三块地毯的分布上，我们也可以大致定位出其空间的划分走向。

画面中有一个深棕色沙发和一个灰色沙发，还有一个深棕色的三腿凳，靠着屏风放置了一个木制黄色桌子，铺着白布桌子，在沙发后有个七八层的书架，上面密密麻麻地摆着书籍和风景画作。

将视觉移到画面的左前方，从上面的角度往下看的时候，楼梯的呈现状态像是一个平面作品，只能用旁边的直角判断每个阶梯的转折。

书房内极窄的单跑楼梯，夹层通向书房

巴拉甘卧室套房，位于二层西侧

该画面左边是一个方形大窗，窗下是一个灰色沙发，沙发的靠背和扶手都很低，沙发前摆着一把木凳，表面由麻绳编织，椅子下有一束阳光，把姜黄色的地毯衬托得更显暖意。

沙发的右边是一个木制柜子，摆着一台唱片机。柜子右边是一个放着台灯的深红木柜，一米多高，台灯是简单的几何形体。

画面右边是一张木制单人床，床的正上方是一盏工作灯，与台灯一样都亮着暖色的光，床的左边有个床头柜，铺着一块灰色的桌布，放着一个圣母形象的木雕和人头石像，以及金黄色的圆形抽纸，墙上是钉在十字架上的耶稣，屋外的树影照在床头的方向。

巴拉甘卧室旁的午休室，亦称"四壁皆白"

　　画面左方有一条楼梯自上而下，宽度只够通行一人，在通道处照出橙黄色的自然光束，四壁墙壁通白，在右边墙面挂着耶稣像。

　　画面中三面墙都摆放着木制柜子和桌子，每个高低都不同。地面为姜黄色的地板和两块淡黄色的地毯，与桌子和木椅在画面形成一体的重颜色，形成视觉下沉。

午休室矮柜上的金属球

　　桌上的金属球反射着屋内的环境。从它的投影中可以看到，在照片拍摄点后方有一片光线照入进来，从而可得知这里有窗户，窗户前下方有个约1.5~1.7m的木质柜子灯具，其外壳是米灰色的，好像是布缝制成的，在黑暗来临的时候点上灯，在整个房间会呈现一个暖色的状态。

画面中的三个门框形成了三层空间，由于每一层都有一定的距离，在画面中呈现的亮暗面在人的视觉引导下形成了空间的层次感。

第一层空间为木质材料的地板，还有木质条柜，以 60~70cm 宽为主，形成的第一层空间，将地板与门框连为一体。将视线向上移可以看到黄色楼板及一些横条状悬挂着的灯泡，整个建筑中少有的一个顶上灯出现，在画面中的黄色柱子上的一个反光面中可得知是采用了钢材料。

第二层空间的地板是由第一层空间的木板延展出去的，在视觉上形成空间的一体化。

第三层空间，我们可以看出画面中地板黑色处是以砖块为主导的。右边有三个阶梯，通往另一个空间。左下方白色区域处没有延展的地面，由此判断在此处大概有个下行楼梯。

工作室与过廊连接处

画面为一个室外的庭院，左中有扇被设计成马厩栅栏样式的洋红色门，藤蔓植物长满了墙面，阳光照过来，在地面形成影子。树下有个水池，圆柱形的出水口流出水，藤蔓的影子也照在水面上，而水池的波光闪烁在墙面上。

　　画面下方摆放着多个龙舌兰酒的陶罐，罐口大小不同，罐身两边有手柄，陶罐涂层上长着薄薄的青苔，外墙和地面透着朴素，粗糙石质的大坯墙，流露出时间的痕迹，显得宁静且神秘。

庭院中的陶罐

2 现象转译
ANA Translation of Phenomena

指南：

该练习建立在练习 1 的基础上，目的在于将练习 1 中的感性、主观和直观的文字描述转化为其他符号形式，建立一种与读者或建筑师交流沟通的平台或情境。

输入：

选取练习 1 中你所感兴趣的图片（或系列图片）≥ 3 张，并分别对其转译（应包含建筑内、外及细部三部分内容）。

输出：

用图示、拼贴、手绘、置换或隐喻等形式进行现象转译。

步骤 / 分析：

运用图示、拼贴、手绘、置换或隐喻等形式表达，将案例作品现象的文字描述转化为非语言形式，进而对图片中的现象进行更宽泛的理解和讨论，建立属于你独有的空间语言系统。解释 > 图示、拼贴和手绘表达为较常规的设计语言。置换或隐喻的意思是，用其他感知形式置换视觉图像，或采用诗词歌赋、格言、小说片段，或采用电影、戏剧场景甚至音乐符号等形式将复杂的个体空间感知转译为有意味的空间描述。

评判标准：

能充分呈现个体感知，运用多种形式表达，表达清晰准确且精致。

参考阅读：

[1] 彼得·卒姆托.思考建筑[M].张宇，译.北京：中国建筑工业出版社，2010.

[2] 尤哈尼·帕拉斯玛.肌肤之目：建筑与感官（原著第三版）[M].刘星，任丛丛，译.北京：中国建筑工业出版社，2016.

[3] 尤哈尼·帕拉斯玛.思考之手：建筑中的存在与具身智慧[M].任丛丛，刘星，译.北京：中国建筑工业出版社，2021.

室内悬挑木制楼梯

楚门感到的不真实世界 ■

■

无形的空间中也有形式上的空间存在
通过触觉感受空间中的边界

■

楼梯与墙面融为一体给予空间的完整性
从画面中生长出来的"通道"

■

边界可视化
墙可以存在也可以不存在
在边界的划定中不一定需要墙的存在

■

门与墙壁形成的一体化
开门是一个更为丰富的世界
关门则是对另一个世界的沉思

室内艺术品的空间关系

顶光使人物具有神圣性

侧光的层次感使画面空间具有探索性。

人物探索内部空间的画面。

侧顶光，既是探索又是希望。
狭长的光线表明人物在此空间中是具
有希望又逃不开空间的胁迫……

上帝视角，人物的渺小。
顶光象征人物内心的自由与希望，
是人物的救赎之光。

《静物》（*Natura morta*）

乔治·莫兰迪（1890—1964）

画面中呈现宁静的情绪，每个单体如雕塑般站立在桌面上，物体表面厚涂。莫兰迪画中的瓶子可以被看成雕塑或是棋布，在处理上表现了更多细节。

在巴拉甘住宅庭院的陶罐中也看到了一组由日常容器变成永恒的作品。

在莫兰迪的画面中，瓶罐被油漆涂抹，又带着灰尘，因为时间，它们变得厚重，陶罐也如此，它们会褪色，会失去原本的色彩，但却也会变得更有沉淀的味道。

两位"物质诗人"，惊叹于带着无声的完美，"通过如此不起眼的物品……可以表达出如此多的灵性"。

《白十字》（*White Cross*）

阿尔博斯（1888—1976）

巴拉甘似乎追求的是现象上的阴影。从这个意义上来说，窗子是巴拉甘同时平衡生活形式与自然形式的中介，也是平衡真实世界与画面世界的中介。在大玻璃中间以一个十字的窗格加以勾勒，使窗子似乎既有玻璃又没有玻璃。他有意识地吸收了现代性中朦胧的概念，起到了让外界的自然景观突然被黏滞了、被冻结了的效果，同时让室内具有了特定的温室效果。

《蒙帕纳斯车站》（*Gare Montparnasse*）

契里柯（1888—1978）

超现实主义式的画面感来自视自然为展现阴影的载体，而不是展现空间的深远，从而提供了白日梦式的场景。在设计中尤为突出，一个以色彩涂绘的墙体构成了特殊布景，自然描述它们之间的空隙，丈量它们之间阴影的深浅，形成了一张张特定的照片，描述了生活世界凝固状态。在这里，自然作为物体之间的空隙，突出展现了契里柯式的狭窄感和限定感，突出了前景空间，以及不同阴影对于空间模糊性的作用。

巴拉甘在设计中所采用的房间群方法需要加以区域的细分，才能揭示空间的特征，而阴影的各种类型就构成了细分的依据，形成了不同灰度的区域。

注：部分内容参考葛明谈巴拉甘的文章《自然、生活与阴影的形式》

3 理性直观
∧N∧ Rational Intuition

指南：

　　整理出的案例资料（以技术性平立剖面图为主，兼顾大师概念手稿），并重新制作平立剖图（手绘或电脑），目的在于对案例有更专业的认识（注意回避分析性图纸资料）。在绘制过程中结合练习1进行思考，结合练习2提出问题，并做初步的专业性解答。以上内容均建立在悬置概念基础上，即不对已有案例分析做评价和参考，目的在于得出个人对案例的直观理解和感知。

输入：

　　练习1、练习2中的感知和思考。

输出：

　　结合练习2的成果，绘制案例相关技术图、制作电脑和实体模型（比例1：100~200），并提出不少于5个问题。

步骤/分析：

　　绘制案例相关技术图及制作电脑和实体模型，结合练习2的设计成果对技术图和模型等做二次加工用来提出问题或做出解答。方法＞此步骤为开放性设计，同练习2类似，需创造性地将个人感知结合到已完成的设计"事实"中，试图理解建筑师的可能思考路径和设计过程，向"大师"提出问题并与其展开"对话"。

评判标准：

　　不低于参考技术图纸要求，模型制作材料统一，二次设计形式多样。

参考阅读：

[1] 沈克宁.建筑现象学[M].北京：中国建筑工业出版社，2008.

[2] 彼得·卒姆托.建筑氛围[M].张宇，译.北京：中国建筑工业出版社，2010.

[3] 斯蒂芬·霍尔.锚[M].符济湘，译，天津：天津大学出版社，2010.

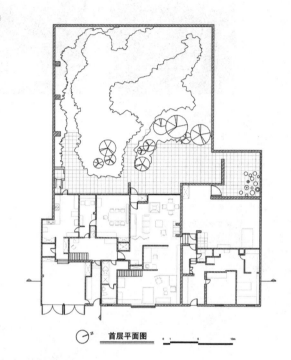

⊕² 　首层平面图

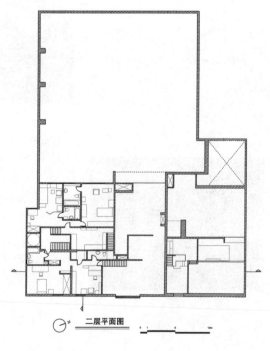

⊕² 　二层平面图

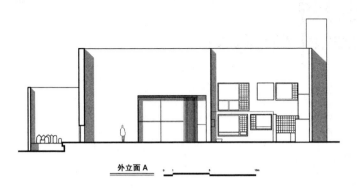

<u>外立面 A</u>

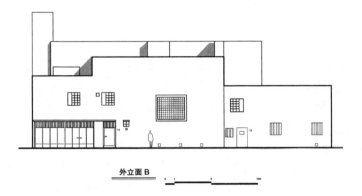

<u>外立面 B</u>

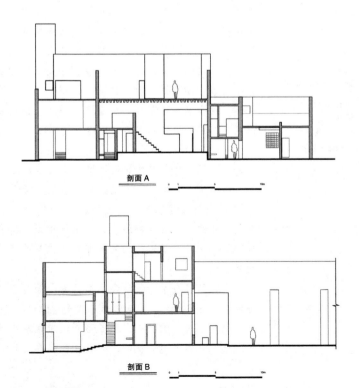

<u>剖面 A</u>

<u>剖面 B</u>

理性分析
Rational Analysis

指南：

　　在前期 3 个练习中，强调个人对案例的直接感知和体验，摒弃已有的分析和评价。而在练习 4 的学习过程中，可以带着前期积累或隐藏的疑问，通过查找相关历史文献资料，辩证地吸收前人观点和分析。这一过程有利于建立独立的分析和判断。

输入：

　　时代背景、学术理论、历史沿革、个人经历。

输出：

　　对输入的内容进行整理和综述（需标注参考书目或论文等文献）。

步骤 / 分析：

　　将建筑师的成长和设计实践置入历史情境中。首先，对所处的时代和环境做出分析。其次，结合个人经历以及时代思潮，思考其如何影响设计实践。最后，分析案例对现当代建筑设计的影响（不少于 1500 字）。

评判标准：

　　综述全面、逻辑清晰。

参考阅读：

[1] 罗伯特·索科拉夫斯基.现象学导论[M].高秉江，张建华，译.武汉：武汉大学出版社，2009.

[2] 张祥龙.朝向事情本身：现象学导论七讲[M].北京：团结出版社，2003.

[3] 莫里斯·梅洛-庞蒂.知觉现象学[M].姜志辉，译.北京：商务印书馆，2001.

一、时代背景

　　1910—1940 年期间，墨西哥发生了巨大的政治变革，这场变革所带来的不仅是政治经济的变化，更将墨西哥艺术推到了世界艺术舞台的中心。墨西哥革命独立后，由于殖民统治所带来的民族文化断层和撕裂以及在世界中政治、经济的边缘化，使得墨西哥渴望寻求关于民族身份的新的定位。通过借鉴古印第安和殖民时期的建筑艺术，墨西哥的建筑界开始探索新时代的民族身份。建筑界的各种思潮受到了革命的影响，其中以奥戈尔曼为代表的民族主义建筑成为主流。然而，在相同的历史背景下，墨西哥建筑师对于表达民族身份的方式却存在着巨大的差异。与成长背景以及个性化的抽象思考密切相关，巴拉甘建筑作为其中民族身份表达最独特的分支，摒弃了所有民族主义的计划，反而展现出最清晰的墨西哥特色。这些正是巴拉甘住宅之所以能被列入世界文化遗产的原因。

二、路易斯·巴拉甘的建筑风格与其成长背景

　　路易斯·巴拉甘于 1902 年出生在墨西哥瓜达拉哈纳附近的一个农场主家庭，童年的农场生活中的"高高的墙，宽宽的门，彩色的泥土，窄窄的水道"构成了其对建筑的第一印象。类似的种种意象在巴拉甘的建筑作品中都有所呈现。

　　巴拉甘曾表示，他从观察墨西哥庄园房屋的经历中获得灵感，这也激发了他对建筑的热爱。20 世纪 20~30 年代，巴拉甘基于过去的经验，从墨西哥民居住宅中抽取设计元素，可以看到廊道、花园、天井和庭院等要素是他建筑作

品中的惯用手法。

　　作为一个墨西哥人，墨西哥缤纷明亮的色彩表达深深地印刻在巴拉甘的记忆里，他对色彩的感受与运用很受这种传统的影响。这些影响在巴拉甘作品中得到了鲜明的体现，强烈的带有重量的色彩表达着他的感情。

　　在古代，印第安土著居民主要奉行玛雅宗教和阿兹特克宗教信仰。自16世纪起，随着西班牙殖民者的入侵，天主教在墨西哥开始传播，并逐渐成为占统治地位的宗教。墨西哥独立后，政教之间经常发生纠纷，天主教会多次与政府发生冲突。巴拉甘是一个虔诚的天主教徒，他的自宅中天主教元素和意象频繁出现。巴拉甘对于天主教的虔诚信仰也推动了他前去欧洲游历，但在欧洲他收获的远不止宗教。第一次的欧洲游历，巴拉甘前往了西班牙的伊斯兰园林阿尔罕布拉宫，阿尔罕布拉宫中植物、水、石头等元素的穿插让他燃起了园艺的激情。而1925年在法国巴黎，巴拉甘在参观世界工艺美术博览会时看到了费丁南德·贝克带有强烈地中海文化特色的花园和住宅作品，其中的浪漫精神和对建筑景观融合的理解与他的想法产生了共鸣。他对墨西哥传统文化的深爱，触发了他对那些几乎被人们所遗忘的地中海文化的认识，同时也让他对与墨西哥的相关文化有了更深刻的理解。

　　此外，贝克关于景观空间的设计手法也对巴拉甘产生了重要影响，他的作品呈现出一种戏剧性的叙事感，每个画面都代表了不同角度的景观，随着道路的弯曲和地面的起伏，整个空间逐渐展现。景色在画面之下产生色彩对比的变化，从而引发观者内心感受的转变，进一步增强了整个过程的体验感。

　　1931年巴拉甘再次旅欧美，在纽约与同乡奥罗斯科交流以及听了柯布西耶的讲座后，巴拉甘体会到了几何形体的抽象性，看到了"十分完美的传统文化和时代声音结合的典范"。通过对柯布西耶作品的参观和分析，巴拉干看到了一个崭新的世界，接受了现代主义所带来的思想转型。此后回到家乡，他开始尝试将墨西哥传统文化与现代主义抽象几何相结合，以此做出对时代的回应，为他未来成熟的建筑风格奠定了基础。

三、巴拉甘自宅

　　自宅的宗教性。在对于巴拉甘的信仰有所了解后，有人提出巴拉甘自宅的空间与修道院空间存在对应：修士的房间就相当于巴拉甘自己的卧室，修道院的大花园就相当于自宅前面的花园。在自宅中，巴拉甘又建造了一个他心目中的"天堂"，他的屋顶平台具有象征意义，通过一座楼梯缓缓上升，进入了屋顶天台，即进入了这个"天堂"。

　　自宅的故事性。体现在通过中间的过厅打开一扇扇门，从而进入其他空间，这种处理方式既分割又独立，与密斯式流动空间不同。过厅是一个封闭的区域，所有通向其他空间的地方都采用开门的方式，门的颜色与相邻的墙壁一致，如同从墙壁上揭开一道缝隙，瞬间进入另一个完全不同的世界。

　　自宅的色彩。自宅中粉红的墙面用了墨西哥传统的天然成分染料——花粉和蜗牛壳混合物，从而保持了常年不褪色的特性。

　　自宅中的装饰。巴拉甘对传统手工艺品和古董表现出浓厚的兴趣，墨西哥酒馆的内部装饰中频繁出现镜面玻璃球和陶罐等物品，成为该空间不可或缺的组成部分。这些民俗特征经过一定的改变，成为巴拉甘建筑创作中至关重要的元素。

四、巴拉甘自宅对现代建筑设计的影响

　　巴拉甘的自宅和工作室代表了现代运动新发展的杰作，其将传统、哲学和艺术潮流融合到一种新的综合艺术中。他的作品还展示了现代与传统影响的融合，这反过来又对花园和城市景观的设计产生了重要的影响。

　　巴拉甘自宅被认为是墨西哥当地传统艺术与现代建筑技术结合的典范，是发展出的一种新的现代建筑语言，其中所洋溢的活力，正是出于对墨西哥传统和民俗文化的发掘，到处都有明亮的色调。其中涵盖了光线与色彩、墙壁与水的元素，而装饰则是光影和色彩的过渡。他的作品呈现出诗意、宁静的氛围。他认为，实现静谧是建筑师在精神层面上的创造力所体现的一种追求。其建筑与园林所表达的精神上的神秘和宁静也影响了后来的很多设计师。

5 意识建构
ΛNΛ Consciousness Building

指南：

　　练习 1~4 以倒推的方式还原建筑师的设计过程和设计方法。练习 5 则是希望还原建筑师设计之初的意识和构思，建构案例之所以形成的本质关联，即现象学所指的先验还原。

输入：

　　结合练习 1~3 中还原的部分（再创作、再加工部分）进行整理和分析。

输出：

　　完成建筑案例的概念方案，形成图示、图表、符号等系列，揭示建筑师先验的意识建构过程。

步骤 / 分析：

　　结合练习 4 的理论和研究，将练习 2~3 中的本质还原结果进行再思考，形成具有逻辑性、整体性和系统性的意识建构推理，从而接近建筑师的先验意识或者与建筑师进行对话。方法 > 可以有多种意识建构方法和解读，作业力求概念明晰、结构简洁、表达完整（须有 500 字以上的设计说明）。

评判标准：

　　图示、图表、符号简洁，逻辑清晰自洽。

参考阅读：

[1] 郑光复 . 建筑的革命 [M]. 南京：东南大学出版社，2004.

[2] 李军 . 可视的艺术史：从教堂到博物馆 [M]. 北京：北京大学出版社，2016.

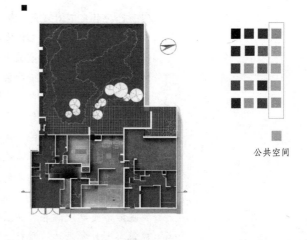

公共空间

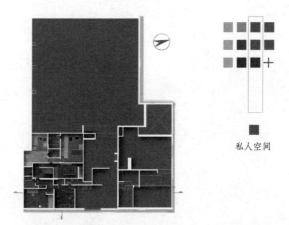

私人空间

（注：原图通过分析巴拉甘自宅中的色彩从而归纳了空间功能，因黑白印刷效果呈现受限。）

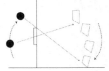

随着时间的变化，光线在空间中流动，在深处空间中依旧能感觉到时间的流逝。

光线的时空性

矮墙将大书房与小书房隔开，矮墙对光线的阻隔，说明在这个空间中光线是合理的运用，而不是泛滥的使用。

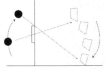

光线从窗户照射进来，在内部空间白墙形成漫反射，此时铜板墙壁的金属属性对光线的反射会比较强，由于铜板是黄色的，所以呈现出了暖黄色的光源……然而当人从一楼往上看时，光线是由上至下形成的侧顶光的效果。

光线的情感性

空间的光线是由外部空间的光线照射而入，让外部微光衬托出了内部祷告室的沉思、静谧。而这样的光线让人产生了探索的心理，同时也是希望的象征。

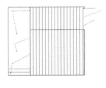

光线营造出了不同的宗教氛围，落地窗的十字架由于大面积的采光形成了画面的窗帘，这种宗教情感就是在清晨的教堂中进行祷告。

光线的宗教性

左图显示，夜晚的卧室中木制（木制材料的板，当两扇门合并起来时它们中间会露出小缝）窗户的十字架形光线，透露出了孤寂的夜晚中内心深处的忏悔。右图则展示出白天这四扇窗户营造出的空间暗喻性。

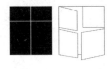

为了调节室内进光量，将遮光板如同门扇一样加在窗户内侧。

面对不同的室外环境，巴拉甘通过控制窗口的大小和内部窗帘的布置来减少不可控的外界环境所带来的影响，以维持卧室内静谧的氛围。当窗口面向外部环境时，通过减小窗口的尺寸并设置硬性涂白的遮光扇来弱化环境的影响，遮光扇闭合之后与墙体连为一体，形成完整的室内封闭空间。

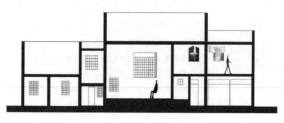

建筑整体向街道封闭，向花园开放。使用足够的墙体来造成围合与安宁的氛围，以确保能专心地工作和生活，在临街的一侧，用厚重的墙体将外界隔开，尤其是书房的窗户高过人的视线，唯将蓝天和阳光引入，才能宁静而柔和。

面对花园则用大玻璃，开放式的窗户强调了室内与花园的沟通，植物不受约束地生长，它是个二维平面，成为无定形的界面。

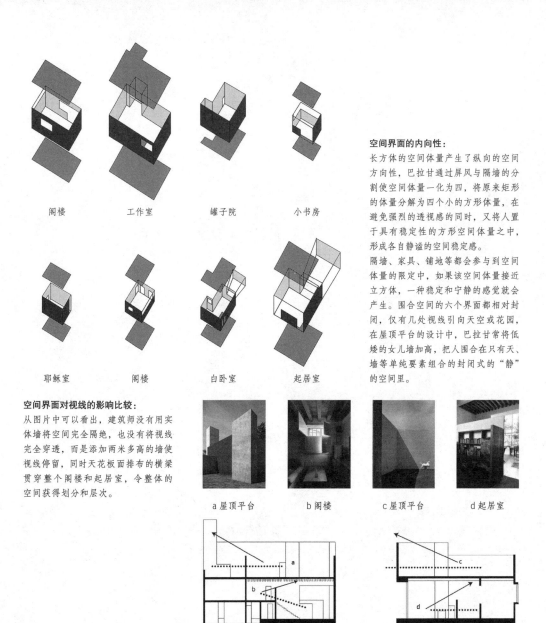

阁楼　　　　工作室　　　　罐子院　　　　小书房

耶稣室　　　　阁楼　　　　白卧室　　　　起居室

空间界面的内向性：

长方体的空间体量产生了纵向的空间方向性，巴拉甘通过屏风与隔墙的分割使空间体量一化为四，将原来矩形的体量分解为四个小的方形体量，在避免强烈的透视感的同时，又将人置于具有稳定性的方形空间体量之中，形成各自静谧的空间稳定感。

隔墙、家具、铺地等都会参与到空间体量的限定中，如果该空间体量接近立方体，一种稳定和宁静的感觉就会产生。围合空间的六个界面都相对封闭，仅有几处视线引向天空或花园，在屋顶平台的设计中，巴拉甘常将低矮的女儿墙加高，把人围合在只有天、墙等单纯要素组合的封闭式的"静"的空间里。

空间界面对视线的影响比较：

从图片中可以看出，建筑师没有用实体墙将空间完全隔绝，也没有将视线完全穿透，而是添加两米多高的墙使视线停留，同时天花板面排布的横梁贯穿整个阁楼和起居室，令整体的空间获得划分和层次。

a 屋顶平台　　　b 阁楼　　　c 屋顶平台　　　d 起居室

作品分析总结：

该作品分析综合了两届学生的成果。色彩是巴拉甘建筑作品独特的表达方式，但因黑白印刷所限，在本书中未能较全面地展示出学生分析出的有趣成果。在现象描述部分，学生对色彩及其所影响的空间变化有大量描述，对光线与开窗的关系也有关注，此外，还对空间中家具的布局观察细致。这其中有直观的感性，也有客观的审视。在转译方面，学生具有启发性地从现代绘画作品和电影作品中建立了与巴拉甘自宅的联系。在理性直观中，完整而深入细致地描摹出建筑的立面剖面图，并在此基础上完成了色彩以及自然、艺术等在技术图中的二次加工，最终在意识建构时分析出建筑师可能的潜在设计意识。两组学生分别从色彩和光线对大师可能的设计意图进行了现象学分析，得出了建筑地面材质和色彩的功能属性，以及光线的时空性、情感性和宗教性等特征。

维罗纳古堡博物馆
VERONA CASTLE MUSEUM

卡洛·斯卡帕
Carlo Scarpa

07

学生：

谢欣婷　宋丹丹　李嘉慧
郑碧茵　岑海晴　杨泓楷

指南：

从建筑大师的经典建筑中挑选案例作为研究对象。案例资料要全面翔实，包括但不限于高清建筑室内外及细部实景照片、高清视频、完整清晰的技术图纸，若有该案例大师设计的草图更好。在此练习中，通过对实景图片及视频的初步浏览，从中挑选或截取能全面反映该建筑案例外部、内部和细部特征的图片或截图，并对其进行现象学描述。

输入：

选择能全面反映该建筑室内外及细部的高清图片 ≥ 8 张（必须标注图片来源）。

输出：

对每张图片（或系列图片）进行现象学直观描述，回避前人或网络上的评论与分析，悬置概念，对图片或视频本身进行直观、全面而深入描述（字数和形式不限，可以是段落式整体描述，亦可单句逐一描述）。

步骤 / 分析：

分别选取建筑室内外及细部各 ≥ 1 张图片或一组系列图片进行描述，文字不少于 500 字。解释 ˃ 可以从整体环境、氛围、空间关系等出发，亦可直接陈述对图片内容的疑惑等直观感受，以及对场景或某物的个人记忆。描述需分层次，应调动除视觉外的其他感官。注意观察图片内容中各事物间关系，描述和陈述以句子为单元。感知 ˃ 你的描述将为下一练习打下基础。通过对图片的现象描述，练习将充分调动你潜藏的空间知觉和对事物的感知，具身体验经典建筑空间的特质。

评判标准：

文字表达清晰，个人感知丰富，观察细致入微，建筑描述完整，图片或截图精度 ≥ 300dpi。

维罗纳古堡博物馆，卡洛·斯卡帕，1957—1975 年

画面中有高低不一的古堡建筑以及被建筑围合在中间的景观草坪，无论从哪个方向走出建筑都能面对草坪。

建筑整体色调偏棕色，较为老旧，右边建筑立面上还有一些类似补丁的白色砖块附在黄棕色的砖块上。建筑中有许多窗户以及户外平台，使人走在建筑中可以从不同角度观赏中间的大草坪。

图中可以看到大概有 11 丛灌木，其余的绿植都为草皮。看得出草坪及周边的植物经过了精心修剪，非常整齐。草皮颜色深浅不一，使草坪具有一层斑驳的纹理。

照片明显摄于晴天，植物在场地中几乎无法起到遮阳的作用。人从左边建筑出来便会完全暴露在阳光下，右边建筑在阳光的投射下会形成较大面积的阴影，形成一个可供乘凉的空间。

人在庭院中能沐浴在阳光下感受绿植特有的气味，而在建筑窗边或露台边时，眺望可看到远山，低头可将庭院景观一览无余。

画面中心点是士兵骑着白马的雕塑，左下方是与对应的黑色影子，形成黑白之间的对立关系，光影的透彻打造了一种边距与分割。

城墙的斑驳旧痕与建筑的光滑面形成对比，突出建筑的主体地位和光滑面。植物的辅佐让外融入内，城墙的绿色苔藓也随之生长，形成浸入式的观感。

右边的门洞后好像没有进入的道路，被半面横墙阻断了入口。门洞的上方有三个与大门相似形状的窗洞，呼应了下面的指引，并由白色的护栏围绕，有竖向的排列感。

入口处的栏杆弯弯曲曲，蜿蜒的小道上可从不同的角度观察到古堡的每一面。

远眺阳光下的大公爵骑马像空间

图中为庭院景观中的水景部分，建筑出入口前是一个长方形的开阔空间，并由一条石砌的小路连接。

小路左边是一个水池，水池上矗立着一个小型喷泉，喷泉材质为砖石，喷泉表面有大块的橙黄色污垢，顶部喷射出几束极细的水柱，中部有半圆形的石盘接着落下来的水，然后水流再沿着石盘边缘缓缓落到水池中，在听觉上形成层次感。

小路和水池之间的收边设计很巧妙，挖了一个小凹槽把水和道路分割开，凹槽里栽种了小草，过渡很自然。池水很浅，池中有若干个透明材质的、像石头一样的透明装置。小路右边还有一个较小的水池，与左边水池相呼应。

水池旁的窗户前有一个由突出的矮墙围合而成的小空间，类似一个露台。喷泉池嵌在矮墙上，无须直接接触建筑立面。

建筑出入口前的庭院喷泉水池

图片展示了上张奇特楼梯的入口转角。

左侧墙面横向铺设了灰白色的木板，在墙壁开设了一个壁橱，壁橱里是石砖墙，可能是为了向看客展示木墙的另一侧是什么，也可能是为了把好奇的看客吸引过来，蹲下看壁橱里。右侧墙面细看有许多小孔，像是刷了一层稀释过度的腻子，或是被虫子蛀食过，整体显得很粗糙。

而中间的楼梯并没有与墙壁齐平，反而往后移了一寸，显得更加隐蔽。

从这个角度看楼梯，显得更加狭窄，而突出来的这个石板台阶，也有引导看客过来的意味。

奇特的楼梯入口处

图片位于博物馆的一层展览区。

图片正中间串联着厚重的拱形门洞，每个门洞两侧都覆盖着一片灰粉色的石块，且石块的边缘粗糙坑洼，与其光滑细腻向内收的弧形边缘形成对比。

铺地与墙面间留有凹槽，且凹槽形态按照墙面转折，看起来似乎地面做了一整块的抬升。

具有强烈透视感的一层展览空间

一层展览空间内部的窗户

　　图片位于博物馆的一层展览区。

　　图片正前方是一面墙，上面开了三处玻璃窗，透过玻璃窗依稀看见外墙是正对称的设计，类似哥特风格的窗洞，而内墙中间的玻璃窗格呈不对称设计，把原本对称的哥特窗洞打破。

　　天花板的梁也是正好对称在整个面的正中间，而对照下来的地板也似乎为了破一破中轴对称而设计的宽度不一。两侧开的窗洞呈喇叭状张开。左侧放置了一个黄色的灯。

2 现象转译
ANA Translation of Phenomena

指南:

该练习建立在练习 1 的基础上,目的在于将练习 1 中的感性、主观和直观的文字描述转化为其他符号形式,建立一种与读者或建筑师交流沟通的平台或情境。

输入:

选取练习 1 中你所感兴趣的图片(或系列图片)≥ 3 张,并分别对其转译(应包含建筑内、外及细部三部分内容)。

输出:

用图示、拼贴、手绘、置换或隐喻等形式进行现象转译。

步骤 / 分析:

运用图示、拼贴、手绘、置换或隐喻等形式表达,将案例作品现象的文字描述转化为非语言形式,进而对图片中的现象进行更宽泛的理解和讨论,建立属于你独有的空间语言系统。解释 > 图示、拼贴和手绘表达为较常规的设计语言。置换或隐喻的意思是,用其他感知形式置换视觉图像,或采用诗词歌赋、格言、小说片段,或采用电影、戏剧场景甚至音乐符号等形式将复杂的个体空间感知转译为有意味的空间描述。

评判标准:

能充分呈现个体感知,运用多种形式表达,表达清晰准确且精致。

参考阅读:

[1] 彼得·卒姆托 . 思考建筑 [M]. 张宇 , 译 . 北京 : 中国建筑工业出版社 , 2010.

[2] 尤哈尼·帕拉斯玛 . 肌肤之目 : 建筑与感官(原著第三版)[M]. 刘星 , 任丛丛 , 译 . 北京 : 中国建筑工业出版社 , 2016.

[3] 尤哈尼·帕拉斯玛 . 思考之手 : 建筑中的存在与具身智慧 [M]. 任丛丛 , 刘星 , 译 . 北京 : 中国建筑工业出版社 , 2021.

古堡与城墙交界处大公像仰视图

挺立的大公雕像
利用阳光与倒影
给游客创造别样的舞台
会挽弓如满月的戏剧舞台造型
像旋转木马
转的每个面都有不同的造型

古堡与城墙交界处大公像俯视图

路线回环、曲折
像一座迷宫
整个空间都以雕塑为中心
无论走到哪个位置
都能看到不同角度的雕塑
整体像雕塑的立体展示舞台

极具雕塑感和仪式感的楼梯

引诱探索的密道
一旦踏上台阶就回不了头

诡秘的
秩序的
串联的拱形门洞
像是没有尽头

博物馆首层内景

指南:

整理出的案例资料(以技术性平立剖面图为主,兼顾大师概念手稿),并重新制作平立剖图(手绘或电脑),目的在于对案例有更专业的认识(注意回避分析性图纸资料)。在绘制过程中结合练习1进行思考,结合练习2提出问题,并做初步的专业性解答。以上内容均建立在悬置概念基础上,即不对已有案例分析做评价和参考,目的在于得出个人对案例的直观理解和感知。

输入:

练习1、练习2中的感知和思考。

输出:

结合练习2的成果,绘制案例相关技术图、制作电脑和实体模型(比例1:100~200),并提出不少于5个问题。

步骤/分析:

绘制案例相关技术图及制作电脑和实体模型,结合练习2的设计成果对技术图和模型等做二次加工用来提出问题或做出解答。方法>此步骤为开放性设计,同练习2类似,需创造性地将个人感知结合到已完成的设计"事实"中,试图理解建筑师的可能思考路径和设计过程,向"大师"提出问题并与其展开"对话"。

评判标准:

不低于参考技术图纸要求,模型制作材料统一,二次设计形式多样。

参考阅读:

[1] 沈克宁.建筑现象学[M].北京:中国建筑工业出版社,2008.

[2] 彼得·卒姆托.建筑氛围[M].张宇,译.北京:中国建筑工业出版社,2010.

[3] 斯蒂芬·霍尔.锚[M].符济湘,译,天津:天津大学出版社,2010.

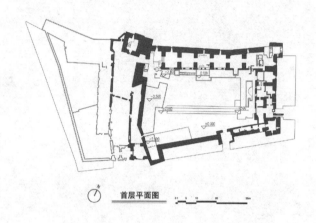

首层平面图

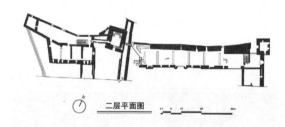

二层平面图

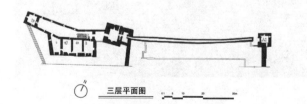

三层平面图

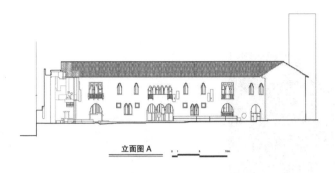

立面图 A

立面图 B

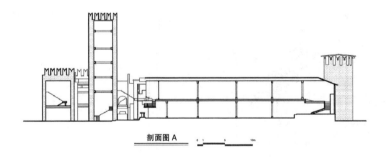

剖面图 A

剖面图 B

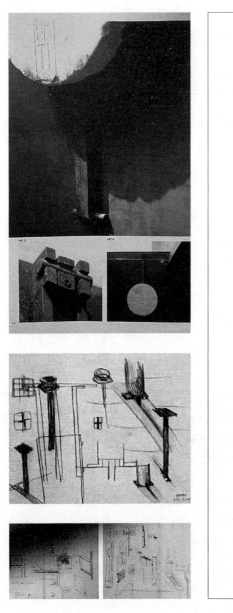

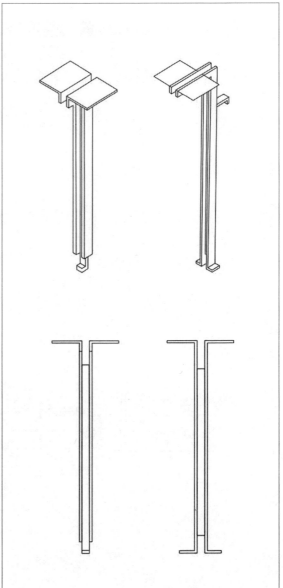

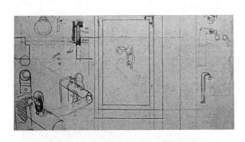

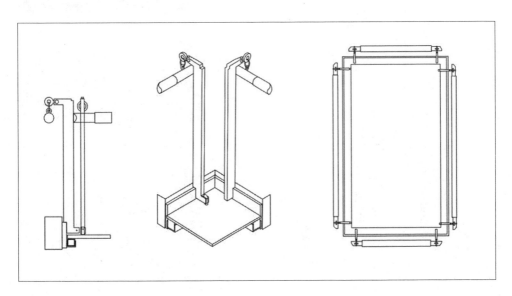

展台节点大样2

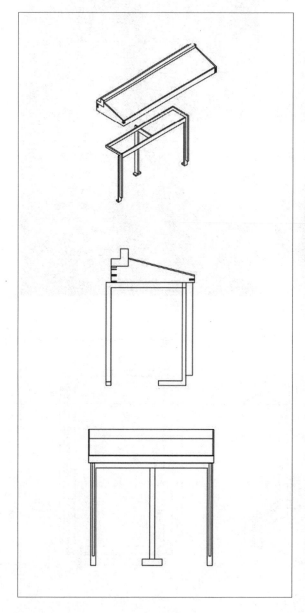

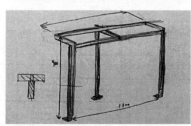

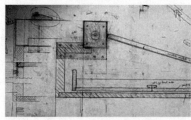

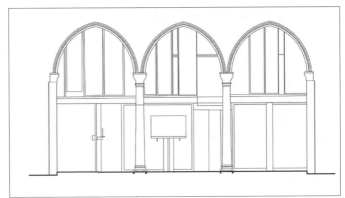

门大样 1

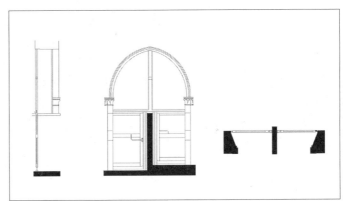

门大样 2

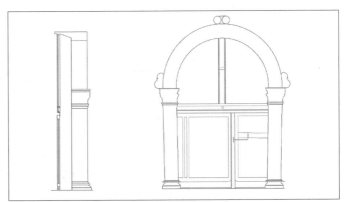

门大样 3

4 理性分析
ΛΝΛ Rational Analysis

指南：

　　在前期 3 个练习中，强调个人对案例的直接感知和体验，摒弃已有的分析和评价。而在练习 4 的学习过程中，可以带着前期积累或隐藏的疑问，通过查找相关历史文献资料，辩证地吸收前人观点和分析。这一过程有利于建立独立的分析和判断。

输入：

　　时代背景、学术理论、历史沿革、个人经历。

输出：

　　对输入的内容进行整理和综述（需标注参考书目或论文等文献）。

步骤 / 分析：

　　将建筑师的成长和设计实践置入历史情境中。首先，对所处的时代和环境做出分析。其次，结合个人经历以及时代思潮，思考其如何影响设计实践。最后，分析案例对现当代建筑设计的影响（不少于 1500 字）。

评判标准：

　　综述全面、逻辑清晰。

参考阅读：

[1] 罗伯特·索科拉夫斯基. 现象学导论[M]. 高秉江，张建华，译. 武汉：武汉大学出版社，2009.

[2] 张祥龙. 朝向事情本身：现象学导论七讲[M]. 北京：团结出版社，2003.

[3] 莫里斯·梅洛－庞蒂. 知觉现象学[M]. 姜志辉，译. 北京：商务印书馆，2001.

一、时代背景

　　地理位置：该项目所处的场地历史层次非常复杂，成为项目设计的重要前提。古堡实际上由建筑群所组成，靠近阿迪杰河旁的维罗纳古城，位于河道入城方向的一个拐角处。作为由香草市场与斗兽场所构成的古城地标区域，建筑群在三面围绕着护城河，人们可通过古堡与城市街道间的主入口走向吊桥。

　　原址前身历史：建筑群大致上可划分为东西两侧，以中世纪城墙为界，位于西侧的建筑物主要是官殿及马斯提奥塔楼，其中大多由斯卡拉家族在 14 世纪时所建造。19 世纪战争时期，古堡东侧改为军事用途，法国人建造了"L"形平面的兵营。兵营又在 20 世纪 20 年代被改造为复古风格的建筑，并改为博物馆功能。

　　12 世纪时，古罗马时期的维罗纳城在阿迪济河南岸上逐渐成形，至城邦国家时期修建城邦城墙，历经数千年变迁，城墙也仍得以保留。1354 年，为防居民因不满而反抗，斯卡里基瑞大公修建了古堡。一座名为斯卡里基瑞桥的桥堡成为该城堡的高地，桥梁横跨阿迪济河并与原来的城邦城墙连在一起，将城堡分为东西两部分。城堡西侧是三层的家族居住区，东侧是一片军营操场，操场临河的北边开敞，南侧和东侧则围以高大的城堞，四周耸立着碉楼。为了建造通向大桥的引桥，莫彼城门原本位于城邦城墙北侧靠近大桥的位置被封住，而在城墙的南侧开辟了新的门洞。1779 年，维罗纳城被拿破仑占领。为了防止奥地利军队渡河进攻，1802 年，法军在军营操场沿河岸修建了一座带有雉堞的高大城墙，并在院子中增建了室外楼梯，使得士兵可以登上北部沿河的城蝶。法军在 1806 年修建了两层营房，这些营房呈"L"形，并且位于城墙的北侧和东侧。"一战"结束后，这座城堡经历了一次彻底的改造，变身为一个展示该地区中世纪艺术的博物馆。为了适应新的功能，城堡进行了一次规模庞大的修复工程。1923—1926 年，该城堡经历了一次洪灾，其立面上的部分窗户和门是那次洪灾中被抢救下来的，据说至今保留的哥特门窗是从洪水中捞出并安装上去的。维罗那市民博物馆的主席安东尼教授承接了博物馆的修复工程。那时的设计理念是努力还原城堡的原貌。因此，设计师根据原有的设计思路，修改了古堡原有的外立面装饰。他们在 19 世纪兴建的拿破仑兵营的立面上巧妙地加入了哥特式的入口和窗户形式，并且按照中世纪的风格又另外建造了官殿的部分空间。

二、设计师——卡洛·斯卡帕

斯卡帕出生于威尼斯，两岁时举家迁至维千撒，童年几乎在此度过。在他十三岁时，母亲过世，后随父亲搬回威尼斯。1920 年进入威尼斯美术学院专注于建筑学研习；1922—1924 年上学期间在建筑师罗纳多的事务所实习；1926 年毕业后在该校任职，担任建筑师盖多·奇瑞里的助教教授建筑图学；1926—1931 年间在盖多·奇瑞里事务所工作；1927—1947 年间，他没有从事较为重要的建筑设计工作，而是接受了一些展览和室内设计的委托。在这段时间里，斯卡帕对玻璃制品开始感兴趣，并在穆拉诺岛上担任卡佩里尼等玻璃产品公司的设计师；从 20 世纪 40 年代后期直到他去世为止，斯卡帕都在威尼斯建筑大学教授建筑制图与室内装饰设计。根据前文阐述的时间线，斯卡帕的设计历程可以分为玻璃工艺品设计、展览空间设计、建筑设计等三个阶段。

在威尼斯穆拉诺岛上的玻璃工艺品设计经历，使斯卡帕意识到工艺的意义，对玻璃材料的光感控制使光成为他建筑作品中的重要主题，玻璃材料的制作过程也为他提供了处理建筑细部的能力。在展览空间的设计中，展品的陈列方式与表达语言是呈现作品的前提条件，通过运用光线、色彩、外观和材质，创造出包含视觉、听觉等五官体验的环境，并将贯穿展览空间的路径设置作为参与者阅读空间的线索。

三、斯卡帕设计关键词（以维罗纳古堡博物馆为例）

1. 水——对生命的思考/危机感

水面的波光粼粼与倒映在建筑上律动的光影，渲染出威尼斯梦幻般的空间场景。受此影响，水成为斯卡帕建筑中经常出现的元素，以表达他对生命的思考，同时塑造出丰富的光影效果。

2. 光——对时间的表达、用光述说

斯卡帕的空间是流动的、不断变幻的、稍纵即逝的，在不同的时刻，会注入不同的感悟与内涵。因此在维罗纳古堡博物馆，光同样是富有戏剧性的。

3. 威尼斯式的哥特立面——平衡感和不对称性

斯卡帕在开始画图时常常先在纸的正中间画一条线，以确保他无论设计什么，都是不对称的。威尼斯以其独特的自由构图的哥特式建筑而著名，与传统的哥特式建筑形式不同，威尼斯的建筑立面展现出一种独特的平衡感和不对称性，这种设计风格赋予了建筑独特的美感和视觉冲击。在保留哥特式立面的基础上，斯卡帕在窗户洞口的室内一侧进行了彻底的改造。通过使用全新的玻璃和窗框，使之几乎颠覆了之前哥特式的形式，取而代之的是蒙德里安式的图案。这种设计展现出了简洁而现代的风格，同时也满足了室内布展的需求。为了保持立面美感，在进行外墙整体粉刷时，在某些位置上保留了拿破仑营房时期砖砌墙面的构造方式。通过将不同时期的片段并置以及对比不同材料的质感和色彩，整个立面展现出了多层历史，并创造出一种全新的视觉体验。

为了打破原有立面完全对称的效果，墙体的内外侧增加了一系列新的突出或附加构件，如大门、窗户和较大规模的雕像等元素。当然，上述策略提到的突出营房立面也有助于削减立面的对称感。

4. 材料——复杂、多元、多色

"如果材料的组织有一个切分音型的节奏，会比一个单调统一的旋律更加丰富"，这是贯穿斯卡帕设计始终的主题。设计的重点在于随着人的移动，不同元素之间相对位置的配合变化。以古堡博物馆室外为例，当进入花园的时候，会听到细水滴落的声音，于是耳朵会先提示参观者该看哪里，然后会跟随水的流动，跟随花园的路径，直至水流入一个圆盘，消失在一口干井里。

5. 节点细节

在维罗纳古堡博物馆里，斯卡帕非常着迷于借助诸如挖出切口的手法表现材料本身的质感以及制造工艺。

6. 动线设置

维罗纳古堡博物馆借助了喷泉的水声、铺地的逐渐细腻以及延续，引领游客走到博物馆入口。地面的铺装延伸进室内引导着游客走左侧的入口，加之左侧视觉的优势和 L 形造型的阻挡，游客又会被引导着走向左侧的展厅。进入展厅，受到串联拱洞指引一路向西参观，直至骑马人雕像，设置的休憩空间，也是一二层交通连接处，直通走完二三层，最后下楼梯回到出口处。

设计者从室外园林入口到室内整个游览展厅的路线都利用着一些造型、材质、声音、颜色等做引导。骑马人雕塑作为交通节点，流线与雕塑空间多次相遇，并且从不同标高及视角观看雕塑。

5 意识建构
ANA Consciousness Building

指南：

练习 1~4 以倒推的方式还原建筑师的设计过程和设计方法。练习 5 则是希望还原建筑师设计之初的意识和构思，建构案例之所以形成的本质关联，即现象学所指的先验还原。

输入：

结合练习 1~3 中还原的部分（再创作、再加工部分）进行整理和分析。

输出：

完成建筑案例的概念方案，形成图示、图表、符号等系列，揭示建筑师先验的意识建构过程。

步骤 / 分析：

结合练习 4 的理论和研究，将练习 2~3 中的本质还原结果进行再思考，形成具有逻辑性、整体性和系统性的意识建构推理，从而接近建筑师的先验意识或者与建筑师进行对话。方法 > 可以有多种意识建构方法和解读，作业力求概念明晰、结构简洁、表达完整（须有 500 字以上的设计说明）。

评判标准：

图示、图表、符号简洁，逻辑清晰自洽。

参考阅读：

[1] 郑光复.建筑的革命 [M].南京：东南大学出版社，2004.

[2] 李军.可视的艺术史：从教堂到博物馆 [M].北京：北京大学出版社，2016.

新旧窗的形式对比与细节

■

 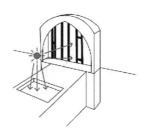 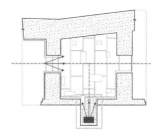

新旧窗洞与光线对比   局部平面图

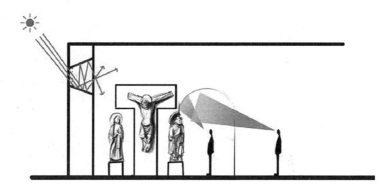

剖面分析

■

"新旧处理与光影打造"

新旧窗洞处理

旧：挖掘、清理，各个时间段不同的改造都能呈现出一个"断面"，展现了 13 世纪到 20 世纪的改造历史。新：做了材质上的区分。但是斯卡帕并没有用很强烈的新旧对比，他在明确说明新旧的同时，又让色调统一，使整体相互协调，不会喧宾夺主。

以图中窗洞举例：既把哥特式的窗户展示出来，同时用铁框的形式在建筑内部暗示原有的窗户形式，而不是重建掩盖。

对光线的细节把控：将光线的视觉中心落于某一点，营造空间的追寻感，为展品营造更具自然氛围的光线。

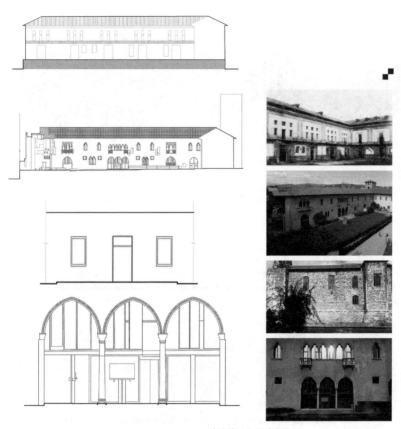

改造前后立面对比图

■　立面门窗修复设计

阿尔纳多·弗拉迪于1923年改造的立面，开窗的大小宽度统一，有屋檐，立面改为对称式布局，景观较自然，植物随意生长。斯卡帕修复设计的建筑立面，窗口形式不同，装饰风格不同，景观有修剪打理，能看出庭院路线。上图展示了古堡博物馆第一次改造时门窗全部改为统一风格，部分本不对称的立面已装饰为对称的中世纪样式的立面。墙面用灰色石砖覆盖堆砌。斯卡帕把意大利时期原有的不对称的立面还原，融入现代风格的金属窗户，这样可更好地保护展厅，支撑窗户，达到新旧窗户并置的效果。

斯卡帕在改造中的新旧关系处理：既把哥特式的窗户展示出来，同时用铁框的形式在建筑内部暗示现代的窗户设计，而不是重建掩盖，尊重了原始立面的不对称性，并将之恢复到可以识别的状态。通过各种片段的有序并置与离析来复活这些历史，保持建筑的真实性。

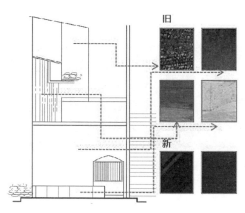

城墙立面材质

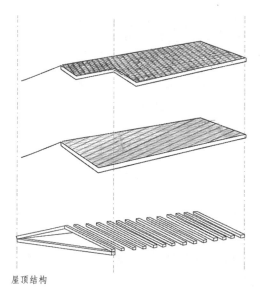

屋顶结构

立面城墙修复设计

在形式和材料上，斯卡帕运用新旧并置的手法，通过不同时期片段的并置以及不同材料质感、色泽的对比，不仅揭示出不同的历史层系，而且也形成了一种新的视觉感受。

在空间感受方面，斯卡帕善于处理展品和地面的面层，使内部空间更加完整；使展品能和空间相得益彰，加强访客停留于此对空间以及展品的理解。

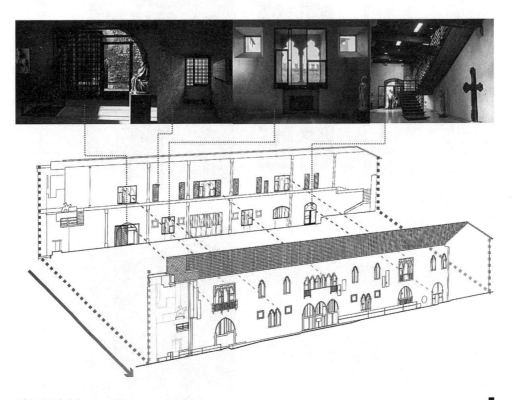

"窗"的历史表达

历史的分层

古堡博物馆改造的核心是将建筑中历史遗留下的痕迹层层拨开展现在世人眼前,同时又将分层的历史遗迹相互贴合,最终形成和谐的视觉盛宴。

"新旧关系"

1.新旧融合统一:材料统一—>形式统一—>意象统一,表达的是信息的单向传播,最终达到"再现"历史建筑的目的。

2.新旧对比统一:意象统一—>形式统一—>材料统一,表达的是信息的差异性,使新旧建筑整体形象更具活力。

3.新旧强对比统一:意象、形式、材料等传达的信息各异,或其中的一种或两种具有强烈的对比性,甚至于三种皆为强对比。此法不易把握,而且容易引起争议。

| 喧嚣 | 静谧 | 可穿越地带 | 不可穿越地带 | 地势低点 | 地势高点 | 铺装小 | 铺装大 |

不管是从声学和空间上来看，喷泉都是一个喧嚣的空间，广场亦是如此。而中间的大草坪因为树篱的阻挡留出了静谧的区域。

古堡博物馆左边的草坪因为在低处且有围栏挡住，所以处于不可穿越地带，而中间的草坪没有固定的道路也属于不可穿越地带。喷泉和两个平行树篱隔出来的道路为可穿行地带。

根据平面图得出的地势高低可以看出，地势从广场到右边的入口，一直处于逐渐升高的趋势。

根据场地景观平面可分析出，地面铺装形式从广场到建筑入口，由小到大设置，突出入口的重要性。

↓

推断依据：
人群会向喧嚣的地方聚集。

推断依据：
人群多停留在可穿越地带。

推断依据：
人群会从低点向高点移动。

推断依据：
人群多聚集在材质更好走的路上。

结论：
1.设计师有意将人群往右边建筑入口引导。
2.设计师有意避开中间的画廊区域以便留出静谧的空间。

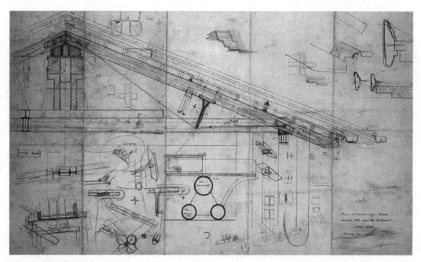

卡洛·斯卡帕手稿

作品分析总结：

　　斯卡帕的作品与辛姆托的作品在某些方面具有一定的相似性，即没有传统意义上的建筑类型或标签。因此，在学生们选择建筑图片时难免会漏掉一些重要场景。当然，这也是非现场考察的作品分析的必然结果。在这组分析中也同样遇到了现象描述的图片资料不全面的问题。在转译时，该组学生仅围绕几张图片来做发散性思维拓展，显然会给后期分析带来影响。不过值得肯定的是，在理性直观部分，学生们做了较深入的建筑节点描摹，为意识建构分析打下基础。所以，在意识建构部分，该组学生从斯卡帕繁杂的细节中分析出古堡建筑表皮"历史的分层"的设计意识。此外，通过对景观场所的现象学描述得出古堡庭院的流动性。通过这组学生的作品分析可知，在现象描述部分不应该放弃任何细节，正如密斯所言："上帝存在于细节中。"

后　记

　　2008年，当我驾车从广州人民桥上驶过，抬头望见自己设计的第一座建筑拔地而起时，那种图纸设计的真实存在对想象力的冲击历久弥新。在此之前，一直无法感受到建筑设计与建筑实体的区别在哪里，或者从未觉察问题的存在。现在想来，我想应该就在于"真实"！

　　2019年初，偶然间读到沈克宁先生的《建筑现象学》一书，逐渐深刻了解到2008年那次与"真实"的偶遇；了解到建筑设计与真实情景的体悟和洞察不可分割；也通过阅读梅洛·庞蒂的《知觉现象学》得以对身体感知有了进一步的哲学思辨。于是从2020年始，带着对"真实"的好奇，开始了教学上的探索试验，也成为写作本书的肇始。

　　作为一名曾在建筑设计事务所实践过的职业建筑师，后又从事高校教学工作的教师，角色的转变使我必然面对从"如何做设计"转向"如何教设计"的问题，或者说它们之间的关系是什么？通过多年的教学发现，那些在设计上有所突破的多为对生活感知力较强，对真实空间有过细致体察，进而能将这种感知转化到对建筑作品理解上的学生。如本书前言所示，运用现象学分析能更好地接近建筑大师作品的"真实"，也能搭建起通往理解"真实"作品的桥梁。通过持续的教学实践，在工作室同仁和学生们的共同努力下，逐步完成了文中七位建筑大师的作品分析。这期间有过对现象学理解的困惑，有过对分析方法的不解，也有过对成果的质疑。然而经过不断的练习和思考，学生们最终摒弃了传统意义上的建筑大师作品分析方法，对作品的理解有了全新认知。因本人学识浅薄，书中定会出现诸多疏漏，希望能得到专家、学者和广大读者的批评指正。

　　在本书成稿过程中，参与撰写的同事们为理论部分提出了宝贵的意见，并在实践中给予了学生们专业的指导，我从内心深处尊敬和感谢他们的无私付出。特别感谢工作室的同学们，为本书梳理了大量的作品资料，进行了高强度的练习，对成果精益求精。尽管文字粗糙，思考稚嫩，文章框架还需修凿，但在中国建筑工业出版社毋婷娴老师的宽容和帮助下进行修改完善，最终得以付梓，对此深表敬意和谢意。此外，我和曹国媛老师的研究生们为本书的编撰也费力良多，在此一并感谢！最后，感谢给予我无限动力和支持的家人们，没有她们我不可能完成艰难而不可知的教学探索。

克明
2023 年 12 月于穗